高职高专"十二五"计算机类专业规划教材

C语言程序设计项目教

主　编：郭建平　万　嵩
副主编：肖新元　胡晓辉
编　委：张　莉　余瀚欣　曾　军

江西人民出版社

图书在版编目(CIP)数据

C 语言程序设计项目教程/郭建平，万嵩主编. —南昌:江西人民出版社,2013.7(2016.8 重印)

ISBN 978 - 7 - 210 - 06081 - 9

Ⅰ.①C… Ⅱ.①郭 ②万… Ⅲ.①C 语言—程序设计—教材 Ⅳ.①TP312

中国版本图书馆 CIP 数据核字(2013)第 184033 号

C 语言程序设计项目教程

作者:郭建平,万嵩 主编

责任编辑:吴艺文

装帧设计:章雷

出版:江西人民出版社

发行:各地新华书店

地址:江西省南昌市三经路 47 号附 1 号

邮编:330006

网址:www.jxpph.com E - mail:jxpph@ tom. com

编辑部电话:0791 - 86898470

发行部电话:0791 - 86898815

2013 年 8 月第 1 版 2016 年 8 月第 2 次印刷

开本:787 毫米×1092 毫米 1/16

印张:15.75

字数:350 千

ISBN 978 - 7 - 210 - 06081 - 9

定价:38.00 元

承印厂:虎彩印艺股份有限公司

赣版权登字—01—2013—274

前　言

　　C 语言程序简单易学,具有广泛的用途,是非常适合高等学校各专业学生学习的程序设计语言,又是计算机学科的程序设计基础课。通过 C 语言程序的学习,读者可以运用相关知识和技能更好地进行算法和程序的设计,也为后继课程的学习打下良好的基础。

　　我们基于多年的丰富教学经验及素材积累,精心编写此书,目的是让初学者能循序渐进地掌握程序设计的思想,系统地掌握 C 语言程序设计的方法,从实用的角度出发,选取适当的相关案例,配备精练的讲解文字,辅助直观的算法流程图,编写缩进格式的实现程序,得到真实有效的运行结果。对于各种程序设计语言的共同概念,如数据类型、结构化程序设计的三种基本结构、数组及函数等进行深入讲解,使读者能够全面地理解程序设计语言,并在此基础上自学其他程序设计语言。

　　应当怎样学习 C 语言程序设计呢? 我们给出以下建议:

　　(1)在学习开始时不要在语法细节上死记死抠。请记住,重要的是学会编程序,而不是背语法。一开始就要学会看懂程序,编写简单的程序,然后逐步深入。有一些语法细节是需要通过较长期的实践才能熟练地掌握的。初学时,切忌过早地滥用 C 语言的某些容易引起错误的细节(如不适当地使用 ++ 和 -- 的副作用)。

　　(2)不能设想今后一辈子只使用在学校里学过的某一种语言。但是无论用哪一种语言进行程序设计,其基本思路和方法都是一样的。从这个意义上说,在大学里学哪一种语言,并不是一个很重要的原则问题。学会了一种计算机语言,可以很快地学会另一种语言。因此,在学习时一定要学活用活,举一反三,掌握规律,在以后需要时能很快地掌握其他的语言。

　　(3)在学校学习阶段,主要是学习程序设计的方法,进行程序设计的基本训练,打下进一步学习的基础。对多数学生来说,不可能通过几十个小时的学习,就由一个门外汉变成编程高手,进而编写出大型而实用的程序。学习程序设计课程时,应该把精力放在最基本、最常用的内容上,学好基本功。如果对学生有较高的程序设计要求,应当在学习本课程后,安排一次集中的课程设计环节,按照实际工作的要求,完成有一定规模的程序设计。

（4）程序设计是一门实践性很强的课程，既要掌握概念，又要动手编程，还要上机调试运行，希望读者一定要重视实践环节，包括编程和上机。既会编写程序，又会调试程序。衡量这门课学习的好坏，不是看你"知不知道"，而是"会不会干"。考核的方法不能主要用是非题和选择题，而应当把重点放在编写程序和调试程序上。

（5）使用哪一种编译系统并不是原则问题，重要的是编程能力的培养。程序编好以后，用哪一种编译系统进行编译都可以。读者不应该只会用某一种编译环境，应当了解、接触和使用不同的编译环境。不同的编译系统，其功能和使用方法有些不同，编译时给出的信息也不完全相同，要注意参阅使用说明书，特别要在使用中积累经验，举一反三。

全书共 11 章，其中第 1、2、3 章由郭建平编写，第 4、5、6 章由万嵩编写，第 7 章由肖新元编写，第 8 章由胡晓辉编写，第 9 章由张莉编写，第 10 章由余瀚欣编写，第 11 章由曾军编写。最后由万嵩统稿，由郭建平主审。

在此对在编写过程中参考的大量文献资料的作者表示感谢。由于时间仓促和编者水平所限，书中难免有欠妥之处，敬请专家、读者不吝批评指正。

编　者
2013 年 8 月

目　录

第 3 章　顺序结构程序设计

第 4 章　选择结构程序设计

第9章　预处理命令

第10章　文　件

第 1 章　C 语言概述

本章主要介绍 C 语言的基础知识,在计算机上编辑、编译、连接和运行 C 程序的基本方法和步骤。通过学习本章节内容,读者应掌握 C 语言的基本概念,了解 C 语言程序的编程风格,掌握 C 语言在 Turbo C 环境中的实现过程。

1.1　任务 1　C 语言基础知识

从 1946 年世界上出现第一台电子数字计算机以来,计算机经历了从无到有,从单纯的科学计算到复杂的数据处理,从只有少数人拥有到普及千家万户的发展历程。人们对计算机的依赖程度越来越高,计算机应用已经渗透到人们工作、生活的各个角落,同时计算机系统也得到了飞速的发展。

1.1.1　C 语言的发展过程

C 语言是国际上广泛流行的计算机高级语言,既可用来编写系统软件,也可用来编写应用软件。它的规模虽然小,但功能强大。

C 语言是在 B 语言的基础上发展起来的。1970 年,美国贝尔实验室的 Ken Thompson 以 BCPL 语言为基础,做了进一步简化,设计出很简单且很接近硬件的 B 语言(取 BCPL 的第一个字母),并用 B 语言编写了第一个 UNIX 操作系统。但 B 语言过于简单,功能有限。1972 年至 1973 年间,贝尔实验室的 D. M. Ritchie 在 B 语言的基础上设计出了 C 语言(取 BCPL 的第二个字母)。C 语言既保持了 BCPL 和 B 语言的优点(精练,接近硬件),又克服了它们的缺点(过于简单,数据无类型等)。最初的 C 语言只是为描述和实现 UNIX 操作系统提供一种工作语言而设计的。1973 年,K. Thompson 和 D. M. Ritchie 两人合作把 UNIX 的 90% 以上程序用 C 语言改写,即 UNIX 第 5 版。原来的 UNIX 操作系统是 1969 年由美国贝尔实验室的 K. Thompson 和 D. M. Ritchie 开发成功的,是用汇编语言写的。后来,C 语言做了多次改进。直到 1975 年 UNIX 第 6 版公布后,C 语言的突出优点才引起人们的普遍注意。1977 年,出现了不依赖于具体机器的 C 语言编译文本《可移植 C 语言编译程序》,使 C 移植到其他机器时所需做的工作大大简化了,这也推动了 UNIX 操作系统迅速地在各种机器上实现。以 1978 年发表的 UNIX 第 7 版中的 C 编译程序为基础,Brian W. Kernighan 和 Dennis M. Ritchie (合称 K&R)合著了影响深远的名著 *The C Programming Language*,这本书中介绍的 C 语言成为后来广泛使用的 C 语言版本的基础,它被称为标准 C。1983 年,美国国家标准化协会

(ANSI)根据 C 语言问世以来各种版本对 C 的发展和扩充,制定了新的标准,称为 ANSI C。ANSI C 比原来的标准 C 有了很大的发展。

C 语言和 UNIX 可以说是一对孪生兄弟,在发展过程中相辅相成,早期的 C 语言主要用于 UNIX 系统,由于 C 语言的强大功能和各方面的优点逐渐为人们认识。1978 年以后,C 语言开始进入其他操作系统,并先后移植到大、中、小、微型机上得到广泛应用。现在 C 语言已风靡全世界,成为世界上应用最广泛的几种计算机语言之一。

1.1.2 C 语言编程格式

C 语言是一种功能强大、应用广泛、具有发展前途的计算机语言。它既可用于系统软件的设计,也可用于应用软件的开发。许多著名的系统软件都是由 C 语言编写的。C 语言编程的格式风格如下:

(1)C 语言程序简洁、紧凑,编写的程序短小精悍。C 语言编译的程序代码量较小,并把许多程序设计中需要的功能放在函数库里实现,如程序的输入/输出功能等,这样就使语言本身比较简单,编译程序比较容易,写出的程序紧凑。

(2)语言运算符丰富,数据结构丰富。丰富的运算符使 C 语言的运算类型非常丰富,表达式类型多种多样,能实现各种复杂数据类型的数据运算,并引入了指针的概念,使程序效率更高。

(3)C 语言可移植性好。编写的程序不需要做很大改动就可以从一种机型移动到另一种机型上运行。它既适用于多种操作系统,也适用于多种机型。

(4)C 语言是结构化程序设计语言。它具有编写结构化程序所需的结构化控制语句,用函数作为程序模块以实现程序的模块化,这种结构化方式可使程序层次清晰,便于使用、维护和调试。

(5)C 语言使用时方便、灵活。C 语言对语法限制不太严格,程序设计自由度大,因此,程序设计者有较大的主动性,使用时更加灵活。

(6)C 语言程序生成代码质量高,程序执行效率高。C 语言可以像汇编语言那样直接访问硬件,可以生成质量很高的目标代码。

同样,C 语言也存在着不足,例如,运算符较多,不方便记忆,某些运算符优先顺序与人们的逻辑习惯不完全一致,类型转换比较随便等。

1.1.3 C 语言的标准及应用

1.C 语言的标准

C 语言标准化也是希望建立一种共同的规则供各大编译器使用,来确保程序能够很好地脱离编译环境而存在。ANSI C 是 C 语言的标准,任何 C 语言的编译器都在 ANSI C 的基础上扩充。为了进一步提高互换性,美国国家标准化协会(ANSI)对 C 语言进行了规范化,他们对经典 C 进行了修改。在 1987 年,公布了新标准——87 ANSI C 或称标准 C。目前流行的 C 编译系统都是以它为基础的,但不同版本的 C 编译系统所实现的语言功能和语法规则则略有差别。

2.C 语言的应用

C 语言是一种计算机程序设计语言。它既有高级语言的特点,又具有汇编语言的特点。它可以作为系统设计语言,编写工作系统应用程序,也可以作为应用程序设计语言,编写不依赖计算机硬件的应用程序。因此,它的应用范围广泛。

C 语言对操作系统和系统使用程序以及需要对硬件进行操作的场合,用 C 语言明显优于其他解释型高级语言,可以进行单片机以及嵌入式系统开发,例如机械自动化编程,数控、机电一体化编程等等,也可以进行大型系统应用软件开发,例如操作系统编程等等。

C 语言具有绘图能力强,并具备很强的数据处理能力等特点。适于三维,二维图形、动画和数值计算软件。C 语言使用简单,跨平台移植性强,也可以进行应用程序开发,例如管理信息系统开发,QQ 聊天软件开发等等。

1.2　任务 2　C 语言程序的基本结构

1.2.1　简单的 C 语言程序

要在计算机屏幕上输出一行文字"Welcome to you!",用 C 语言编写的程序是怎样的? 下面来看一个简单的 C 程序的例子,然后从这个最简单的程序出发来了解 C 程序。

[**例 1.1**]在计算机屏幕上输出一行文字:"Welcome to you!"。

```
/ * Welcome to you is an example of C program  * /
#include < stdio. h >
main( )
{
    printf(" Welcome to you!  \n" ) ;
}
```

运行结果:

Welcome to you!

这是一个用 C 语言编写的非常简单的程序,称为 C 语言源程序。该程序共有六行,其中第一行为注释行,用/ * 和 * /括起来的部分是注释。注释可写在程序的任何地方,它只是为阅读程序提供方便,没有其他意义。第二行为预处理命令 include,说明在这个程序里要用到 C 语言系统提供的一些标准功能,因此需要调用输入/输出函数库文件 stdio. h。第三行 main 是主函数,一个 C 程序有且仅有一个主函数,C 程序的执行都是从主函数开始的,并在主函数内结束。第四行到第六行是用一对花括号{}括起来的函数体,花括号{}是函数体的开始与结束,函数体内只有一条输出语句,printf( )为标准输出库函数。第三行到第六行是程序的基本部分,这部分描述程序所要完成的工作。这里是在屏幕上输出"Welcome to you!"。

通过上述例子,可以看出 C 程序的书写虽然没有严格的格式规定,但为了便于阅读,在书写时应遵循以下规范。

（1）一般情况下每条语句占一行。

（2）不同层次的语句,从该层的起始位置开始缩进。在同一层次中的语句,缩进同样多的字符数。以便看起来更加清晰,增加程序的可读性。

（3）用花括号括起来的部分,通常表示程序的某一层次结构,"{}"一般与该结构语句的第一个字母对齐,并单独占一行。

（4）在程序里增加一些必要的说明信息,以增加程序的可读性。例如,例1.1 中注释/ * Welcome to you is an example of C program * /是说明这个程序是一个简单的 C 程序例子。

程序采用缩进式格式书写,充分体现了结构化程序层次清晰的特点,十分便于阅读和理解。初学者在编程时应力求遵循这些规则,以养成良好的编程风格。

1.2.2　C 语言编程范例

前面已经介绍了一个简单的 C 程序,下面用两个例题来进一步了解 C 语言编程的具体过程。

[**例 1.2**]从键盘输入三个整数,求三个整数之和。

```
/ *求三个整数之和 * /
#include < stdio. h >
main( )                                  / *      主函数 * /
{
        int a, b, c;                     / *定义整形变量 * /
        int sum;                         / *定义整形变量 * /
        printf(" 请输入三个整数 a,b,c:" );  / *输出提示语 * /
        scanf(" %d, %d, %d" , &a, &b, &c); / *输入变量 a、b、c 的值 * /
        sum = a + b + c;                 / *计算 a、b、c 的和并赋值 * /
        printf (" sum = %d \n" ,sum);     / *输出 sum 的值 * /
}
```

运行结果:

请输入三个整数 a,b,c:6,8,29↙

sum -43

本程序的第 1 行为注释行,说明本程序的作用。第 2 行是一条预编译命令,在编译程序之前,凡是以#开头的代码行都要由预处理程序处理。该行是通知预处理程序把标准输入/输出头文件(stdio. h)中的内容包含到该程序中。头文件 stdio. h 中包含了编译器在编译标准输出函数 printf( )时要用到的信息和声明。在 C 语言中,如果仅用到标准输入/输出函数 scanf( )和 printf( ),可以省略该行。第 5 行和第 6 行是两条变量语句声明,在变量声明语句中,int 是一个关键字,说明后面的标识符 a、b、c 和 sum 是整型变量。第 7 行是一条输出语句,作用是在屏幕上显示"请输入三个整数 a,b,c:"的提示语。第 8 行是一条输入语句,该 scanf( )函数的作用是输入三个整数值到变量 a、b、c 中。&a 中的"&"的含义是"取地址",也就是说将三个整数值分别输入到变量 a、b、c 的地址所标志的单元中,即输入给变量 a、b、c。

"%d"是输入的"格式字符串",用来指定输入时数据类型和格式,"%d"表示"十进制整数类型"。第 9 行是一条赋值语句,先计算表达式 a + b + c 的值,然后将计算结果赋给变量 sum。第 10 行是标准输出语句,其中的函数 printf( )有两个参数,分别为"sum = %d\n"和 sum。第一个参数表示输出格式的控制信息,表示"sum = "照原样输出,"%d"指定输出时数据类型和格式,"\n"是换行符。

[例 1.3]输入两个整数,输出较大者。

```
#include < stdio. h >
main( )                         /*主函数*/
{
    int a, b, c;                 /*定义变量*/
    scanf(" %d, %d" , &a, &b);/*输入变量 a、b 的值*/
    c = max(a,b);                /*调用 max( )函数,将得到的值赋给 c*/
    printf(" max = %d" ,c);      /*输出 c 的值*/

    int max(x,y)                 /*定义 max( )函数,函数值为整数,x、y 为形式参数*/
    int x,y;                     /*定义形参 x,y 数据类型*/
    {
        int z;                   /*对 max( )函数中用到的 z 定义数据类型*/
        if(x > y)z = x           /*if 语句判断 x,y 值的大小*/
        else z = y;
        return(z);               /*将 z 的值作为函数值返回调用处*/
    }
}
```

运行结果:

　　18,26↙

　　max = 26

本程序包括两个函数,主函数 main 和被调用函数 max( )。程序的第 9 行到第 16 行定义了函数 max。max( )函数的作用是使用分支语句 if 对 x、y 的值进行判断,将 x 和 y 中较大者的值赋给变量 z,return 语句将 z 的值返回给主调函数 main。main 函数的第 5 行调用了max( )函数,在调用时将实际参数(简称实参)a、b 的值分别一一对应地传给 max( )函数中的形式参数(简称形参)x、y,经过执行 max( )函数得到一个返回值 z(即 x、y 中的较大者),然后把这个值赋给变量 c,最后输出 c 的值。

1.3　任务3　C 语言程序的调试与运行

1.3.1　C 语言程序的实现过程

计算机不能直接识别高级语言,要让计算机能执行高级语言,需要将高级语言翻译成等价的机器语言,生成相对应的可执行程序。C语言源程序从编写程序到生成可运行的执行程序,需经过以下几个过程。

(1)程序编辑。编辑是指用户在C语言的编辑环境中输入源程序代码,并将源程序保存为扩展名为.c的文件,这些文件称为C源程序文件。

(2)程序编译。编译就是将已经编辑好的源程序翻译成二进制的目标程序。系统在编译过程中,还要对源程序进行语法和逻辑检查,如发现错误,则显示出错信息,用户可根据提示信息返回编辑状态,修改源程序。编译通过后,生成扩展名为.obj的同名文件。

(3)程序连接。程序连接过程是将编译后的目标程序、库函数、其他目标程序连接处理后,生成扩展名为.exe的同名可执行文件。连接过程中,可能出现未定义的函数等错误,需修改源程序,重新编译和连接。

(4)程序运行。可执行文件生成后,就可以运行程序,得到程序的运行结果。如果运行结果不正确,可重新对程序进行修改、编译、连接和运行。

C语言程序的实现过程如图1-1所示。

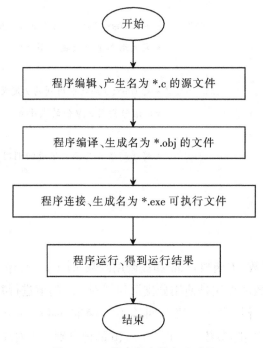

图1-1　C语言程序的实现过程

1.3.2　在Turbo C 3.0环境中实现C程序

要学习C语言,必须先学会使用C语言的编程工具。可用于C语言程序设计的工具很多,其中使用最多的就是Borland公司的Turbo C系列和Microsoft公司的Visual C++系列。

Turbo C以编译速度快、代码执行率高而著称,是C程序员最常使用的编程工具。下面将介绍Turbo C 3.0(简称TC 3.0)版本,并学习在TC 3.0环境中实现C程序。

1. 启动 TC3.0 系统

TC 3.0 是在 DOS 下运行的程序,但也可以运行在 Windows 系统下。若要启用 TC,只需进入 TC 所在的子目录(Turbo C 的默认子目录是 TC),在 DOS 提示符下输入 TC 并按[Enter]键。或者在 Windows 操作系统中进入 TC 所在文件夹,双击 TC.EXE 文件就可直接启动TC。启动后的程序界面如图 1 - 2 所示。

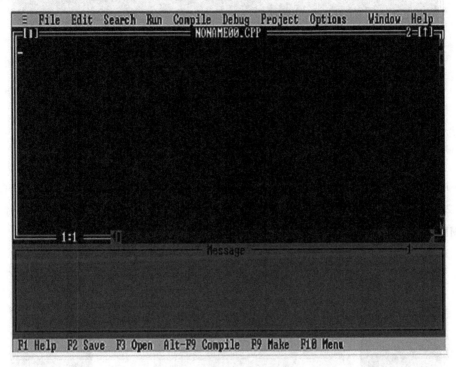

图 1 - 2　TC 3.0 启动界面

TC 启动之后,可以看到屏幕中有黄色的光标在闪烁,此时就可以进行程序编辑了。在屏幕窗口中,最上方的是程序的菜单,菜单中是进行程序编辑、编译、调试以及环境设置的各种命令。菜单下方是程序的编辑区域,也称为编辑窗口,在编辑窗口上方,是所编辑程序文件的相关信息,NONAME00. CPP 表示正在编辑的程序文件名。在编辑窗口下方的是 Message 窗口,在程序编译时,该窗口显示相关的编译信息。窗口最下方是编辑时最常用的快捷键,例如,按[F1]键显示帮助、按[F10]键激活菜单等。TC 3.0 的菜单和 Windows 的菜单一样,并且所有的操作都可以用鼠标实现,非常方便。这也是 TC 3.0 与 TC 2.0 最大的区别。当然,所有的操作也可以用键盘来完成。

2. 源程序的编辑与保存

启动 TC 3.0 后,选择 File→New 命令创建新文件,此时就可以在编辑窗口中编辑源程序代码了,如图 1 - 3 所示。

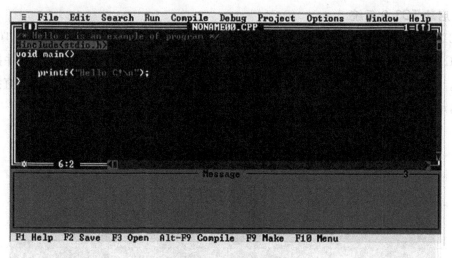

图 1-3　编辑源程序

图 1-3 中是一个 C 语言源程序,程序编辑完成对其进行保存,选择 File→Save 命令,或者按[F2]键,此时将弹出窗口提示输入文件名称,默认的文件名为 TC 3.0 系统目录下的 NONAME00.CPP,如图 1-4 所示。

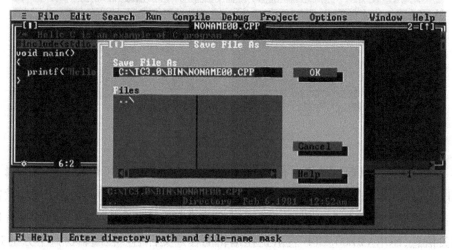

图 1-4　保存编辑好的源程序

输入文件名 HELLO. C 后按[Enter]键保存程序。此时编辑窗口上方的文件名由 NONAME00.CPP 改变为 HELLO.C(见图 1-5)。注意:在输入文件名时一定要输入文件的扩展名".c",否则,文件将以扩展名".cpp"进行保存。

3.程序的编译与连接

源程序编辑、保存完成后,选择 Compile→Make 命令,系统开发环境将先把程序编译为目标文件,然后连接为可执行文件,此时会出现如图 1-5 所示的信息窗口,提示编译成功。

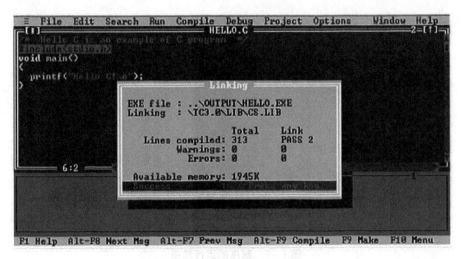

图1-5 将源文件编译成可执行文件

在编译程序时也可以使用快捷键,以提高操作速度。常用的快捷键有[F9]、[Alt + F9]、[Ctrl + F9]。[F9]键用于将源代码编译、连接为可执行程序(EXE 文件);快捷键[Alt + F9]仅将源程序编译为目标程序(OBJ 文件);快捷键[Ctrl + F9]则用于调用并执行可执行程序,如果当前源代码并没有生成可执行程序,则按快捷键[Ctrl + F9]将生成可执行程序后再执行。

如果程序有错误,此时将弹出提示编译出错的信息窗口,并在屏幕下方的 Message 窗口中显示相关的错误信息,提示用户对源程序进行修改。

在此编译、连接、生成可执行文件的过程中,会生成 HELLO. OBJ、HELLO. EXE 两个文件,其中 HELLO. OBJ 是编译所生成的目标文件,HELLO. EXE 是连接后所生成的可执行文件。

4. 程序运行与查看结果

要运行编辑完成的程序,可选择 Run→Run 命令,或按快捷键[Ctrl + F9],可以看到屏幕闪了一下,此时程序已运行完成。

选择 Window→User screen 命令,或按快捷键[Alt + F5]可以将屏幕切换到用户屏幕,这时,可以看到如图1-6 所示的内容,这就是程序运行的结果。在用户屏幕上按任意键可以返回到编辑窗口。

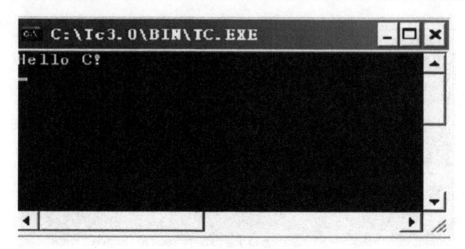

图 1－6　程序的运行结果

　　实际上，在 TC 环境中，编译、连接和运行的操作可以合并成一步，在源程序编辑完成后，当用户认为自己的源程序不会有编译、连接错误时，可选择 Run 菜单中的第一项或直接按快捷键[Ctrl＋F9]来完成，系统将自动地进行编译、连接和运行。

本章小结

　　C 语言是国际上广泛流行的计算机高级语言，既可用来编写系统软件，也可用来编写应用软件。一个 C 语言程序有且仅有一个主函数，C 程序的执行都是从主函数开始的，并在主函数内结束。C 语言程序的实现过程有编辑、编译、连接和运行。C 语言程序的开发工具主要有 Turbo C 与 Visual C ++。在 TC 3.0 编译系统环境中实现 C 程序需要通过编辑、编译、连接、调试和运行 C 程序等步骤。

项目实训一

1. 实训目标

(1)掌握 C 语言的编程风格。

(2)掌握 C 语言程序的实现过程。

(3)掌握在 TC 3.0 环境中实现 C 程序的过程。

2. 实训内容

题目1　仿照[例1-1],编写一个输出学号和姓名的程序,并上机调试运行。

题目2　在 TC 3.0 环境中实现下面程序。

```
/* Welcome to you is an example of C program */
#include < stdio. h >
main( )
{
    printf(" Welcome to you! \n" );
}
```

练习与提高

1. 简述 C 语言的编程风格。

2. 简述 C 语言程序的实现过程。

第2章 数据类型、运算符和表达式

本章主要介绍 C 语言的三种基本数据类型及在程序中的应用和混合运算中数据类型的转换。详细介绍 C 语言中的运算符和表达式,重点介绍各种运算符的应用。通过本章的学习,读者可了解 C 语言的基本数据类型,常量和变量的概念,各种运算符和表达式在 C 语言中的表示形式;初步理解各种数据类型的存储长度及各种运算符的优先级别;掌握各种数据类型的表示形式和各种运算符的应用方法;初步理解一些简单的顺序结构程序设计。

例如,在 C 语言中表达式 'a'+ all ++ b&&!c 如何计算,计算结果会是什么?

任何语言程序都要对数据进行描述和处理。如何编写最简单的 C 语言程序和如何在程序中描述数据,是学好 C 语言的关键。通过学习本章内容,读者可以学会使用各种数据类型和运算符进行简单 C 程序的设计并掌握各种运算符的使用方法。

2.1 任务1 C 语言的基本数据类型

数据是程序的重要组成部分,也是程序处理的对象。数据是以某种形式存在的,例如整数、实数、字符等形式,C 语言有与其他高级语言相同的数据类型,也有自己独特的数据类型。C 语言的数据类型可分为:基本类型、构造类型、指针类型、空类型四大类。基本类型包括整型、字符型、实型、枚举型四种;构造类型包括数组型、结构体型、共用体型三种,如图 2 - 1 所示。本章主要介绍基本类型,其他三种类型将在后续章节中讲述。

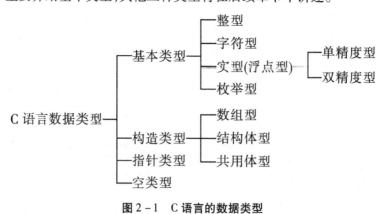

图 2 - 1 C 语言的数据类型

2.2　任务2　C语言的常量和变量

C语言中的数据有常量和变量之分,在程序运行过程中,值恒定的量称为常量。常量即常数,也有类型的区分,如整型常量、浮点型常量和字符型常量,其类型从字面上就能判别出来。

2.2.1　常量

1. 整型常量

整型常量即整常数。在C语言中,使用的整常数有十进制、八进制、十六进制三种形式。

(1)十进制整数:十进制整数没有前缀,其数码为0~9,如456、-111等。

(2)八进制整常数:八进制整常数的前缀为0,即以0作为八进制数的前缀。数码取值为0~7。如015(十进制为13)、0101(十进制为65)、0177777(十进制为65 535)。

(3)十六进制整常数:十六进制整常数的前缀为OX(或0x)。其数码取值为0~9和A~F或(a~f)。如OX2A(十进制为42)、OXl2(十进制为18)、OXFFFF(十进制为65 535)。

整型常数后加后缀L(或l)表示长整型,如189L,078L。

[例2.1]将十进制数56,分别按照十进制、八进制、十六进制的形式输出。

```
/* example2 - 1 */
#include < stdio. h >
main( )
{
    printf(" 十进制数56 的十进制数是%d \n" ,56);
    printf(" 十进制数56 的八进制数是%o \n" ,56);
    printf(" 十进制数56 的十六进制数是%x \n" ,56);
}
```

运行结果:

```
十进制数56 的十进制数是56
十进制数56 的八进制数是70
十进制数56 的十六进制数是38
```

2. 浮点型常量

浮点型也称为实型。实型常量也称为实数或者浮点数。在C语言中,实数只采用十进制。它有两种形式:十进制小数形式和指数形式。

(1)十进制小数形式:由数码0~9和小数点组成,书写时小数点不可省略。如0.12、23.28、0.13、5.0等。

(2)指数形式:由字母E(或e)连接两边的数字组成,E的两边必须有数,E后的指数部分必须是整型数。如,3.2E5(相当于3.2×10^5)、2.13E-2(相当于2.13×10^{-2}),而4.5E、0.5E4.3则是非法的。

（3）标准 C 允许浮点数使用后缀。后缀为 F（或 f）即表示该数为浮点数。如5.6F 和5.6 是等价的。

3. 字符型常量

字符常量是用单引号括起来的一个字符,如'a'、'b'、'?'、'+'等。

注意:

（1）字符常量只能用单引号括起来,不能用双引号或其他括号。

（2）字符常量只能是单个字符,不能是字符串。

（3）字符可以是字符集中任意字符,但数字被定义为字符型之后就不能参与数值运算 如'6'和 6 是不同的,'6'是字符常量,不能参与运算。

但有一些特殊字符不能使用这种表示方法,而用带斜杠的扩展表示法,称为转义字符, 如前面在 printf( ) 函数中出现的"\n",其中的 n 不代表字母 n;与"\n"合起来代表一个换行 符。常用的转义字符如表 2 - 1 所示。

表 2 - 1　常用的转义字符及其含义

转义字符	转义字符的意义	ASCII 代码
\n	回车换行	10
\t	横向跳到下一制表位置	9
\b	退格	8
\r	回车	13
\f	走纸换页	12
\\	反斜线字符"\"	92
\'	单引号字符	39
\"	双引号字符	34
\ddd	1～3 位八进制数所代表的字符	
\xhh	1～2 位十六进制数所代表的字符	

转义字符看上去好像是两个字符,但实际上只有一个字符起作用,如'0'和'\0'是不同的 两个字符,'0'表示字符 0,而'\0'表示字符 NULL。

[例2.2]输出字符及转义字符。

```
/ * example2 - 2 * /
#include < stdio. h >
main( )
{
    printf(" ab c \tdc \rf \n" );
}
```

运行结果：

　　fab_c_dc

上例中用 printf( ) 函数直接输出双引号中的字符,第一个输出语句在第一行第一列开始输出"_ab_c,然后遇到"\t",它的作用是跳到下一个制表位,一个制表位为八个字符,所以从第九列开始输出"dc"。当遇到"\r"时,回车(不换行)在第一行第一列输出 f,遇到"\n"时回车换行到第二行第一列。

4. 字符串常量

字符串常量是由一对双引号括起的字符序列。例如："China"、"C program","$12.5" 等都是合法的字符串常量。

字符串常量和字符常量是不同的,它们之间主要有以下区别：

(1)字符常量由单引号括起来,字符串常量由双引号括起来。

(2)字符常量只能是单个字符,字符串常量则可以含一个或多个字符。

(3)可以把一个字符常量赋予一个字符变量,但不能把一个字符串常量赋予一个字符变量。在 C 语言中没有相应的字符串变量,但是可以用一个字符数组来存放一个字符串常量,此内容将在数组部分介绍。

(4)字符常量占一个字节的内存空间。字符串常量占的内存字节数等于字符串中字节数加1,增加的一个字节中存放字符"\0"(ASCII 码为0),这是字符串的结束标志。

例如:字符串 "C program" 在内存中所占的字节为：

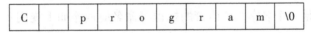

字符常量'a'和字符串常量"a"虽然都只有一个字符,但在内存中的情况是不同的。

'a'在内存中占一个字节,可表示为：

a

"a"在内存中占两个字节,可表示为：

a	\0

5. 符号常量

在 C 语言中,可以用一个标识符来表示一个常量,称为符号常量。符号常量在使用之前必须先定义,其一般形式为：

　　#define　标识符　常量

其中,#define 是预处理命令,将在第 9 章中介绍,其功能是把该标识符定义为其后的常量值。一经定义,以后在程序中所有出现该标识符的地方均代之以该常量值。习惯上符号常量的标识符用大写字母,变量标识符用小写字母,以示区别。

[**例** 2.3]运用符号常量计算结果。

```
/ * example2 - 3 * /
#include < stdio. h >
```

```
#define PRICE 50
main( )
{
    int num,total;
    num = 10;
    total = num * PRICE;
    printf("total = %d",total);
}
```

运行结果:

total = 500

注意:

(1)符号常量与变量不同,它的值在其作用域内不能改变,也不能再被赋值。

(2)在需要改变一个常量时能做到"一改全改"。

2.2.2 变量

值可以改变的量称为变量。一个变量应该有一个名字,在内存中占据一定的存储单元,存储单元中存放的是变量的值。变量名和变量值是两个不同的概念,变量名一旦被定义,便在内存中占有一定的存储单元,变量值会随着给变量赋新值而改变。

用来标识变量名、常量名、函数名、数组名、类型名、文件名的有效字符序列称为标识符,简单地说标识符就是一个名字。C 语言的标识符命名应遵循如下规则:

(1)标识符只能由字母、数字、下划线三种字符组成,而且第一个字符必须为字母或下划线。如 num、_name、stu2 等都是合法的标识符。

(2)标识符命名不能与 C 语言关键字同名。

(3)大写字母和小写字母是两个不同的标识符,如 Student 和 student 不是同一个标识符。

(4)标识符的长度与 C 版本有关,Turbo C 标识符长度可达 32 个字符,为了阅读方便建议一般不要超过 8 个字符。

变量命名必须符合标识符命名规则。变量必须先定义后使用,在程序中使用没有定义的变量,编译时会出现错误信息。

一、整型变量

1. 整型变量的分类

(1)一般型:类型说明符为 int。

(2)短整型:类型说明符为 short int 或 short。

(3)长整型:类型说明符为 long int 或 long。

(4)无符号型:类型说明符为 unsigned。

变量在内存中都占据着一定的存储长度,随着存储长度不同,所能表示的数值范围也不同,Turbo C 中各类整型量所分配的内存字节数及数的表示范围如表 2 - 2 所示。

表 2 - 2　整数类型的取值范围和字节长度

类型说明符	数　的　范　围		字节数
int	- 32 768 ~ 32 767	即 $-2^{15} \sim (2^{15}-1)$	2
unsigned int	0 ~ 65 535	即 $0 \sim (2^{16}-1)$	2
short int	- 32 768 ~ 32 767	即 $-2^{15} \sim (2^{15}-1)$	2
unsigned short int	0 ~ 65 535	即 $0 \sim (2^{16}-1)$	2
long int	- 2 147 483 648 ~ 2 147 483 647	即 $-2^{31} \sim (2^{31}-1)$	4
unsigned long int	0 ~ 4 294 967 295	即 $0 \sim (2^{32}-1)$	4

2. 整型数据在内存中的存放形式

数据在内存中是以二进制形式存放的,如果定义了一个整型变量 a 并赋值:

　　int a;

　　a = 8;

十进制数 8 的二进制形式为 1000,在内存中占 2 字节(16 位),数据存放形式为

0	0	0	0	0	0	0	0	0	0	0	0	1	0	0	0

一般整型(int 型)最大的表示范围为 32 767,32 767 的二进制形式在内存中存放形式为

0	1	1	1	1	1	1	1	1	1	1	1	1	1	1	1

最左边一位是符号位,该位为 0 表示数值为正数,该位为 1 则表示数值为负数。想一想,为什么无符号整型表示的范围更大呢?

[例 2.4]输出整型变量的结果。

```
/ * example2 - 4 * /
#include < stdio. h >
main( )
{
    int a,b;
    long c,d;
    unsigned e,f;
    a = 10;b = 50;
    c = 21212;d = 1124222;
    e = 666;f = 1669;
    printf(" int:%d,%d \n" ,a,a + b);
    printf(" long:%ld,%ld \n" ,c,c + d);
    printf(" unsigned:%u,%u \n" ,e,e + f);
}
```

运行结果:

　　int:10,60

long:21212,1145434

unsigned:666,2335

3.整型变量的定义

前面已经介绍过,变量要先定义后使用,变量的定义一般放在一个函数的声明部分。变量定义的一般形式为:

类型说明符　变量名标识符,变量名标识符,…;

例如:

```
int a,b,c;              /*定义a,b,c为整型变量*/
long x,y;               /*定义x,y为长整型变量*/
unsigned p,q;           /*定义p,q为无符号整型变量*/
```

注意:

(1)允许在一个类型说明符后定义多个相同类型的变量。各变量名之间用逗号间隔。类型说明符与变量名之间至少用一个空格间隔。

(2)最后一个变量名之后必须以";"(分号)结尾。

二、浮点型变量

1.浮点型变量的分类

浮点型变量分为:单精度(float 型)、双精度(double 型)和长双精度(1ong double 型)三类。C 语言中各类浮点型数据所分配的内存字节数、数的表示范围和有效数字位数如表2－3 所示。

表2－3　浮点型数据的取值范围和字节长度

类型说明符	数的范围	有效数字	字节数
float	$10^{-37} \sim 10^{38}$	6～7	4
double	$10^{-307} \sim 10^{308}$	15～16	8
long double	$10^{-4931} \sim 10^{4932}$	18～19	16

2.浮点型数据在内存中的存放形式

浮点型数据一般占 4 字节(32 位)内存空间,按指数形式以二进制存储。实数 5.24659 在内存中的存放形式以十进制表示如下:

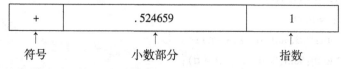

小数部分占的位数愈多,数的有效数字愈多,精度愈高。指数部分占的位数愈多,则能表示的数值范围愈大。

3.浮点型变量的定义

浮点型变量的定义和使用与整型变量相同,如 float a,b;(定义 a,b 为单精度浮点型量),double x,y,z;(定义 x,y,z 为双精度浮点型量)。由于浮点型变量是由有限的存储单元组成的,因此能提供的有效数字总是有限的,在使用中有时会产生误差。

[**例** 2.5]输出浮点型变量 a 和 b 的值。

```
/ * example2 - 5 * /
#include < stdio. h >
main( )
{
    float a;
    double b;
    a = 33333. 33333;
    b = 33333. 33333333333333;
    printf(" %f \n%f \n" ,a,b);
}
```

运行结果:

33333.332031

33333.333333

从本例可以看出,由于 a 是单精度浮点型,有效位数只有 7 位。而整数已占 5 位,故小数两位之后均为无效数字。b 是双精度型,有效位为 16 位。但 Turbo C 规定小数后最多保留 6 位,其余部分四舍五入。

三、字符型变量

字符变量是用来存放字符的,一个字符变量只能用来存放一个字符,在内存中占一个字节。字符变量的类型说明符是 char。

1.字符数据在内存中的存储形式

字符变量用来存储字符常量,将一个字符常量赋给一个字符变量并不是把该字符本身放到内存单元中去,而是将该字符的 ASCII 码放到存储单元中。例如字符′x′的十进制 ASCII 码是 120,字符′y′的十进制 ASCII 码是 121。对字符变量 a、b 赋予′x′和′y′值:

a = ′x′;

b = ′y′;

实际上是在 a、b 两个单元内存放 120 和 121 的二进制代码:

a:　| 0 | 1 | 1 | 1 | 1 | 0 | 0 | 0 |

b:　| 0 | 1 | 1 | 1 | 1 | 0 | 0 | 1 |

因此也可以把它们看成是整型变量。C 语言允许对整型变量赋以字符值,也允许对字符变量赋以整型值。在输出时,允许把字符变量按整型量输出,也允许把整型量按字符量输出。也可以对字符数据进行算术运算,相当于对它们的 ASCII 码进行算术运算。

2.字符型变量的定义

字符型变量的定义和使用与整型变量相同,如 char a,b;(a、b 为字符型变量)。

[例 2.6]输出浮点型变量 a 和 b 的值。

```
/ * example2 - 6 * /
#include < stdio. h >
main( )
{
    char a,b;
    a = 120;
    b = 121;
    printf(" %c,%c \n" ,a,b);
    printf(" %d,%d \n" ,a,b);
}
```

运行结果:

```
x,y
120,121
```

本例中定义 a、b 为字符型,但在赋值语句中赋以整型值。从结果看,a、b 值的输出形式取决于 printf( )函数格式串中的格式符,当格式符为"% c"时,对应输出的变量值为字符,当格式符为"% d"时,对应输出的变量值为整数。

四、变量赋初值

在程序中常常需要对变量赋初值,以便使用变量。变量可以先定义,然后赋初值,也可以在定义的同时给变量赋以初值。在变量定义中赋初值的一般形式为

类型说明符　变量 1 = 值 1,变量 2 = 值 2,…;

例如:

```
int a = 6;
int b,c = 5;
float x = 3. 83;
char c1 = 'K',c2 = 'P';
```

注意:

如果要对 a、b、c 三个变量赋同一初值 8,正确的方法是:

```
int a = 8,b = 8,c = 8;
```

不能写成 int a = b = c = 8;在定义中不允许连续赋值。

[例 2.7]输出变量 a、b 和 c 的值。

```
/ * example2 - 7 * /
#include < stdio. h >
main( )
{
```

```
    int a = 3,b,c = 5;
    b = a + c;
    printf("a = %d,b = %d,c = %d \n",a,b,c);
  }
```
运行结果:
```
  a = 3,b = 8,c = 5
```

2.3　任务3　C 语言的运算符和表达式

运算是对数据的加工,运算形式可以用一些简洁的符号描述,这些符号就是运算符。在数学中,用运算符和括号将常量、变量、函数连接起来的有意义的式子称为数学表达式。同样,在 C 语言中用 C 语言运算符将常量、变量、函数调用等连接起来的式子就是 C 语言表达式。在表达式中,各运算量参与运算的先后顺序不仅要遵守运算符优先级别的规定,还要受运算符结合性的制约,以便确定是自左向右进行运算还是自右向左进行运算。

C 语言提供了丰富的运算符,能构成多种表达式,可分为以下几类:

(1)算术运算符:用于各类数值运算。

(2)关系运算符:用于比较运算。

(3)逻辑运算符:用于逻辑运算。

(4)赋值运算符:用于赋值运算。

(5)条件运算符:这是一个三目运算符,用于条件求值。

(6)逗号运算符:用于把若干表达式组合成一个表达式。

(7)位操作运算符:参与运算的量,按二进制位进行运算。

(8)指针运算符:用于取值(*)和取地址(&)两种运算。

(9)求字节数运算符:用于计算数据类型所占的字节数(sizeof)。

(10)其他运算符。

2.3.1　算术运算符与算术表达式

1.基本的算术运算符

基本的算术运算符为双目运算符,即应有两个量参与运算,如表2-4所示。

表2-4　基本算术运算符

运算符	功能	示例	表达式值
+	加法运算或正值运算	1.6 + 8	9.6
−	减法运算或负值运算	29 − 13.56	15.44
*	乘法运算	8 * 3.5	28
/	除法运算	20/4	5
%	求余运算	10%3	1

以上运算符和其他高级语言中的运算符相似,大家比较熟悉,下面对除法和求余运算符做一下说明。

(1)两个整数相除时,运算结果将舍去小数部分,只保留整数部分。例如:对于整数运算,8/5 的结果为 1;而对于实数运算,8.0/5.0 的结果是 1.6。

(2)求余运算又叫取模运算,运算的两数均应为整数,运算结果为一个整型数,是整除运算的余数。

2. 算术表达式和运算符的优先级与结合性

用算术运算符和括号将运算对象连接起来的,符合 C 语法规则的式子称为算术表达式。如 $(a*2)/c$、$(x+r)*8-(a+b)/7$ 都是算术表达式。

算术运算符的优先级别为:括号→取负→ $*$、$\sqrt{}$、% → $+$、$-$,其中 $*$、$\sqrt{}$、% 同级别,$+$、$-$ 同级别。在 C 语言中只允许使用小括号,不允许使用中括号和大括号。当出现多重括号时,先执行内层括号,接着执行外一层,直到最后执行最外层括号。

C 语言中各运算符的结合性分为两种,即左结合性(自左至右)和右结合性(自右至左),基本算术运算符的结合方向为自左至右。

C 语言中的算术表达式与数学中的表达式在形式上不同,因此使用时务必要小心谨慎。

例如,数学表达式 $\dfrac{-b+\sqrt{b^2-4ac}}{2a}$ 写成 C 语言的算术表达式为:$(-b+sqrt(b*b-4*a*c))/(2*a)$。

3. 自加、自减运算符

自加、自减运算符的作用是使变量的值加 1 或减 1,但自加、自减运算符在变量前和变量后的含义是不同的。例如:

++i,--i 表示先增值(减值)后引用;

i++,i-- 表示先引用后增值(减值)。

[例 2.8]计算 x、y 的值,并输出。

```
/* example2 - 10 */
#include < stdio. h >
main( )
{
    int x,y,i = 6;
    x = i ++ ;
    y = i;
    printf(" x = %d,y = %d" ,x,y);
}
```

运行结果:

x = 6,y = 7

本例中 i 的初值为 6,先引用 i 的值赋给 x,所以 x 为 6,i 再自加 1,此时 i 的值变成 7,赋给 y,故 y 为 7。如果将上例中的 x = i ++ ;改为 x = ++i,则运行结果为:x = 7,y = 7,请读者自已分析原因。

自加、自减运算符的优先级与负号运算符的优先级相同,优先于"乘、除、求余"运算。自加、自减运算符的结合方向是"自右至左"的"右结合性"。

注意:

(1)自加、自减运算符只能用于变量,而不能用于常量或表达式,例如(−i) ++ 或 3 −− 都是错误的。

(2)书写表达式时要注意括号的运用,如有表达式:i +++ j,C 语言编译系统在处理时从左至右将若干字符组成一个运算符,因此将该式理解为(i ++)+ j,而不是 i + (++ j)。

2.3.2　赋值运算符与赋值表达式

1. 简单赋值运算符和表达式

简单赋值运算符记为" = "。由" = "连接的式子称为赋值表达式,其一般形式为:

　　变量　赋值运算符　表达式

例如:

　　x = a + b

　　w = 2 * sqrt(36)

赋值表达式的功能是计算表达式的值再赋予左边的变量,赋值运算符具有右结合性。例如:x = y = z = 5 可理解为 x = (y = (z = 5))。

在 C 语言中,赋值表达式末尾加上分号就可以构成赋值语句,如 x = 2;a = b = c = 9;都是赋值语句,在前面各例中已多次出现。

注意:

(1)赋值号" = "不同于数学中的等号,它没有"相等"的含义。例如,表达式 n = n + 1 在数学中很难理解,但在 C 语言中表示将 n 原有的值加 1,再赋给 n,此时 n 的原有值被新值替换了。

(2)赋值号左边只能是变量,不允许出现常量、函数调用或表达式。

(3)当赋值号两边的数据类型不同时,一般由系统自动进行类型转换,其原则是:赋值号右边的数据类型转换为与左边的变量相同的数据类型。

(4)赋值运算符的优先级低于算术运算符、关系运算符和逻辑运算符,但高于逗号运算符;赋值运算符的结合性是右结合性。

2. 复合的赋值运算符

在 C 语言中, + 、− 、* 、/ 和% 五种算术运算符可以与赋值运算符" = "组成复合赋值运算符。例如:

　　a + = 5　　　　　　/ * 等价于 a = a + 5 * /

　　x * = y + 7　　　　 / * 等价于 x = x * (y + 7) * /

　　a% = b　　　　　　/ * 等价于 a = a%b * /

复合赋值运算符这种写法对初学者来说感到不习惯,但十分有利于编译处理,能提高编译效率并产生质量较高的目标代码。

例如:设 a 的值为 10,计算 a + = a - = a * a 的值。

按照赋值运算符的右结合性,首先计算 a - = a * a,相当于 a = a - a * a = 10 - 100 = -90,再计算 a + = -90,相当于 a = a + (-90) = -90 + (-90) = -180。

2.3.3　关系运算符与关系表达式

1. 关系运算符

在程序中经常需要比较两个量的大小关系,以决定程序下一步的工作。比较两个量的运算符称为关系运算符。C 语言有六种关系运算符: < (小于)、> (大于)、< = (小于等于)、> = (大于等于)、== (等于) 和! = (不等于)。

关系运算符都是双目运算符,其结合性均为左结合。关系运算符的优先级低于算术运算符,高于赋值运算符。在六个关系运算符中, <、< = 、>、> = 的优先级相同,高于 == 和! = , == 和! = 的优先级相同。例如:

```
x == y > z        /* 等同于 x == (y > z) */
z > x - y         /* 等同于 z > (x - y) */
x = y < z         /* 等同于 x = (y < z) */
```

2. 关系表达式

用关系运算符将两个表达式(可以是算术表达式、赋值表达式、字符表达式、关系表达式、逻辑表达式) 连接起来成为关系表达式。例如:

```
('x' > 'y') > z - 5
a + b > c - d
x > 3/2
a! = (c == d)
```

都是合法的关系表达式。

在关系表达式中,若关系成立,则其结果是 1(真),否则为 0(假),1 和 0 是 int 型的,并执行通常的算术转换。例如:

a = 5 > 0, a 的值为 1。

(a = 3) > (b = 5),由于 3 > 5 不成立,故其值为假,即为 0。

[例 2.9] 计算并输出关系表达的值。

```
/* example2 - 11 */
#include < stdio. h >
main()
{
    char c = 'k';
    int i = 1, j = 2, k = 3;
    float x = 3e + 5, y = 0.85;
    printf(" %d, %d \n", 'a' + 5 < c, -i - 2 * j >= k + 1);
```

```
    printf(" %d,%d \n" ,1 < j < 5,x − 5.25 < = x + y);
    printf(" %d,%d \n" ,i + j + k = = − 2 * j,k = = j = = i + 5);
}
```

运行结果为:

1,0

1,1

0,0

在本例中包含了多种关系运算符,字符变量是以它对应的 ASCII 码参与运算的。对于含多个关系运算符的表达式,如 k = = j = = i + 5,根据运算符的左结合性,先计算 k = = j,该式不成立,其值为 0,再计算 0 = = i + 5,也不成立,所以表达式的值为 0。

2.3.4 逻辑运算符与逻辑表达式

1.逻辑运算符

C 语言中提供了 &&(与运算)、‖(或运算)和!(非运算)三种逻辑运算符。

与运算符"&&"和或运算符"‖"均为双目运算符,具有左结合性。非运算符"!"为单目运算符,具有右结合性。例如:

a&&b 如果 a、b 都为真,则 a&&b 为真。

a‖b 如果 a、b 其中一个为真,则 a‖b 为真。

!a 如果 a 为真,则!a 为假。

x 和 y 参与逻辑运算的"真值表"如表 2 − 5 所示。

表 2 − 5　逻辑运算真值表

x	y	x&&y	x‖y	! x	! y
真	真	真	真	假	假
真	假	假	真	假	真
假	真	假	真	真	假
假	假	假	假	真	真

逻辑运算符的优先级关系是:!(非运算)→&&(与运算) → ‖(或运算)

逻辑运算符和其他运算符优先级的关系可表示如图

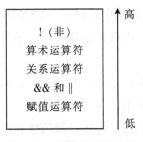

图 2 − 3　运算符的优先级

2. 逻辑表达式

逻辑表达式的值是逻辑量"真"或"假",数值 1 代表"真",数值 0 代表"假"。但在判断一个量是否为"真"时,以非 0 代表"真",以 0 代表"假"。

[例 2.10]计算并输出逻辑表达式的值。

```
/ * example2 - 12 * /
#include < stdio. h >
main( )
{
    char c = 'k';
    int i = 1,j = 2,k = 3;
    float x = 3e + 5,y = 0. 85;
    printf(" %d,%d \n" ,! x ∗ ! y,!!! x);
    printf(" %d,%d \n" ,x ‖ i&&j - 3,i < j&&x < y);
    printf(" %d,%d \n" ,i == 5&&c&&( j = 8),x + y ‖ i + j + k);
}
```

运行结果:

    0,0
    1,0
    0,1

本例中!x 和!y 分别为 0,!x ∗ !y 也为 0,故其输出值为 0。由于 x 为非 0,故!!!x 的逻辑值为 0。对 x ‖ i&&j - 3 式,先计算 j - 3 的值为非 0,再求 i&&j - 3 的逻辑值为 1,故 x ‖ i&&j - 3 的逻辑值为 1;对 i < j&&x < y 式,由于 i < j 的值为 1,而 x < y 为 0,故 1 与 0 的值最后为 0;对 i == 5&&c&&(j = 8)式,由于 i == 5 为假,值为 0,该表达式由两个与运算组成,所以整个表达式的值为 0。对于 x + y ‖ i + j + k 式,由于 x + y 的值为非 0,故整个或表达式的值为 1。

注意:

(1)在一个 && 表达式中,若 && 的一端为 0,则不必计算另一端,该表达式的值必为 0。

(2)在一个 ‖ 表达式中,若 ‖ 的一端为 1,则不必计算另一端,该表达式的值必为 1。

2.3.5 条件运算符与条件表达式

条件运算是一种在两个表达式的值中选择一个的操作。条件运算符为"?:",是一个三目运算符,即有三个参与运算的量。由条件运算符组成条件表达式的一般形式为:

    表达式1? 表达式2: 表达式3

条件表达式的求值规则为:如果表达式 1 的值为真,则以表达式 2 的值作为条件表达式的值,否则以表达式 3 的值作为整个条件表达式的值。

条件表达式通常用于赋值语句中,条件运算符的优先级高于赋值运算符,但低于关系运算符和算术运算符,例如:

x = a > 0? a * 9:a * (-12)

运算顺序相当于:

x = (a > 0)? (a * 9):(a * -12)

所以括号可以省略不写。

如果 a = 3,则 x = 27。

条件运算符的结合方向为"从右至左",例如:

x > y? x:y > z? y:z

运算顺序为:

x > y? x:(y > z? y:z)

如果 x = 1、y = 2、z = 3,则表达式的值为 3。

[**例 2 - 11**]编写程序,计算 a、b、c 和 d 中最大值。

```
/ * example2 - 13 */
#include < stdio. h >
main( )
{
    int a = 20,b = 30,c = 40,d = 100;
    int max;
    max = a > b? a:b;
    max = max > c? max:c;
    max = max > d? max:d;
    printf(" max is %d \n",max);
}
```

运行结果:

max is 100

2.3.6　逗号运算符与逗号表达式

逗号运算符的功能是把两个表达式连接起来组成一个表达式,构成逗号表达式。其一般形式为:

表达式 1,表达式 2

逗号表达式的计算过程是:先计算表达式 1,再计算表达式 2,并以表达式 2 的值作为整个逗号表达式的值。例如,逗号表达式"12 + 8,15 - 6"的值为 9。

逗号运算符在所有运算符中优先级别最低,逗号运算符的结合方向是"从左至右"。

[**例 2 - 12**]计算并输出 y 和 x 的值。

```
/ * example2 - 14 */
#include < stdio. h >
main( )
{
```

```
        int a = 3,b = 4,c = 5,x,y;
        y = (x = a + b),(b + c);
        printf(" y = %d,x = %d" ,y,x);
    }
```

运行结果：

　　y = 7,x = 7

本例中,y = (x = a + b)为一个赋值表达式,计算并赋值,y = x = 7,所以输出 x 和 y 的值都为 7;(b + c)为逗号表达式中的表达式 2,整个逗号表达式的值就是表达式 2 的值。

注意：

(1)逗号表达式可以与另一个表达式组成一个新的逗号表达式。例如,(a = 5 * 8,a + 5),a/5。先计算 a = 5 * 8 = 40,再计算 a + 5 为 45,再计算 a/5 等于 9。整个表达式的值为 9。逗号表达式的一般形式可以扩展为：

　　表达式 1,表达式 2,…,表达式 n

逗号表达式的值为表达式 n 的值。

(2)并不是任何地方出现的逗号都是逗号运算符,例如在函数的参数中逗号作为分隔符使用。在许多情况下,使用逗号表达式的目的是想分别得到各个表达式的值,并非一定需要得到或使用整个逗号表达式的值。

本章小结

C 语言的数据类型包括基本类型、构造类型、指针类型、空类型四大类。基本类型包括整型、实型、字符型、枚举类型四种。C 语言中的数据有常量和变量之分,不同数据类型的常量与变量应用在不同的场合,其占用内存的空间也是不同的。变量要先定义后使用,不同数据类型的变量可以进行转换。用 C 语言运算符连接常量、变量、函数调用等构成 C 语言的表达式。C 语言表达式中各运算量参与运算的先后顺序要按照先逻辑非运算,再算术运算、关系运算、逻辑与(或)、赋值运算的运算符优先级别的规定,还要受运算符结合性的制约,以便确定是自左向右进行运算还是自右向左进行运算。

项目实训二

1. 实训目标

(1)掌握 C 语言数据类型,熟悉定义基本类型变量,并对其赋值的方法。

(2)掌握不同类型数据之间的赋值规律。

(3)掌握 C 语言中常用的运算符功能和使用方法。

(4)掌握运算符优先级别的结合性。

(5)进一步熟悉 C 程序的编辑、编译、连接和运行的过程。

2. 实训内容

题目 1　写出程序的运行结果。

```
main( )
{
    char cl = 'a',c2 = 'b',c3 = 'c',c4 = '\101',c5 = '\116';
    printf("a%cb%c\tc%c\tabc\n",c1,c2,c3);
    printf("\t\b%c%c",c4,c5);
}
```

题目 2　写出程序的运行结果。

```
main( )
{
    char c1,c2,                    /*定义字符型变量*/
    c1 = 97,                       /*向字符变量赋以整数*/
    c2 = 98,
    printf(" %c %c\n",c1,c2),       /*以字符形式输出*/
    printf(" %d %d\n"/c1,c2),       /*以整数形式输出*/
}
```

思考:可否改成 int cl,c2;?

题目 3　写出程序的运行结果。

```
main( )
{
    int i,j,m,n;
    i = 8;
    j = 10;
    m = ++i;
    n = j ++ ;
    printf(" %d,%d,%d,%d",i,j,m,n);
}
```

思考:m = ++i;与 m = i ++ ;的相同之处与不同之处?

题目4　写出程序的运行结果。

```
main( )
{
    int a = 9;
    a + = a - = a + a;                /* 包含复合赋值运算符的赋值表达式 */
    printf(" %d\n",a);
}
```

思考:赋值表达式 a + = a - = a + a 的求解步骤?

题目5　写出程序的运行结果。

```
main( )
{
    int a = 7,b = 5;
    printf(" %d\n"/b = b/a);         /* 输出赋值表达式的值 */
}
```

思考:若将 printf 语句中%d 变为%f,可否输出分式的值?

练习与提高

1. 填空题

(1)C 语言中的基本数据类型包括_____、_____、_____和_____四种。

(2)在 C 语言中,double 类型数据占_____字节;char 类型数据占_____字节。整型常量有_____、_____和_____三种形式。整形变量可分为_____、_____、_____和_____四类。

(3)浮点型变量分为_____、_____和_____三类。

(4)字符变量是用来存放_____的,一个字符变量能存放_____个字符,字符变量的类型说明符为_____。

(5)不同的数据类型运算时要进行类型转换,转换方式有两种:一种是_____,另一种是_____。

(6)字符串"hello"在存储单元中所占的字节数为_____。

2. 选择题

(1)在 C 语言中,要求运算数必须是整型的运算符是(　　)。

　　A. /　　　　　　　　　　　　　B. ++

　　C. * =　　　　　　　　　　　　D. %

(2)以下符合 C 语言语法的赋值表达式是(　　)。

　　A. a = 9 + b + c = d + 9　　　　　　B. a = (9 + b,c = d + 9)

　　C. a = 9 + b,b ++ ,c + 9　　　　　　D. a = 9 + b ++ = c + 9

(3)已知字母 A 的 ASCII 码为十进制数65,且 S 为字符型,则执行语句 S = 'A' + '6' - '

3′;后,S 中的值为(　　　)。

　　A. ′D′   B. 68

　　C. 不确定的值   D. ′C′

(4)若有定义:int m = 7;float x = 2.5,y = 4.7;则表达式 x + m%3 * (int)(x + y)%2/4 的
　　值是(　　　)。

　　A. 2. 500000   B. 2. 750000

　　C. 3. 500000   D. 0. 000000

(5)表达式 13/3 * sqrt(16.0)/8 的数据类型是(　　　)。

　　A. int   B. float

　　C. double   D. 不确定

(6)设 a 的值为 12,则执行表达式 a += a -= a 后 a 的值为(　　　)。

　　A. 0   B. 12

　　C. 10   D. 24

(7)已知 s 是字符型变量,下面正确的赋值语句是(　　　)。

　　A. s = ′zabc′;   B. s = ′\08′;

　　C. s = ′\xde′;   D. s = " \";

(8)设 x、y 均为 float 型变量,则不正确的赋值语句是(　　　)。

　　A. ++x;   B. x * = y - 2;

　　C. y = (x%3)/10;   D. x = y = 0;

(9)以下程序的执行结果是(　　　)。

```
#include " stdio. h"
main( )
{
    int x = 2,y = 3;
    printf(" x = % %d,y = % %d\n" ,x,y);
}
```

　　A. x = %2,y = %3   B. x = % %d,y = % %d

　　C. x = 2,y = 3   D. x = %d,y = %d

(10)若有定义:int x = 5,y = 1;表达式 x&&y == y? x ‖ y:x - y 的值为(　　　)。

　　A. 1   B. 0

　　C. 4   D. 5

(11)设 x、y、z 和 k 都是 int 型变量,则执行表达式:x = (y = 4,z = 16,k = 32)后,x 的值为
　　　　　　　　　　　　　　　　　　　　　　　　　　　　　　(　　　)。

　　A. 52   B. 32

　　C. 16   D. 4

(12)设 i = 5,执行表达式 i * = i ++;后,i 的值为(　　　)。

A. 25   B. 26

C. 5   D. 6

(13)若 a、b、c、d 和 e 均为 int 型变量,则执行下面语句后的 e 值是( )。

a = 1;b = 2;c = 3;d = 4;

e = (a < b)? a:b;

e = (e < c)? e:c;

e = (e < d)? e:d;

A. 1   B. 2

C. 3   D. 4

(14)若 w = 1、x = 2、y = 3、z = 4,则条件表达式 w < x? w:y < z? y:z 的值是( )。

A. 4   B. 3

C. 2   D. 1

(15)执行以下程序段后,变量 x,y,z 的值分别为( )。

int a = 1,b = 0,x,y,z;

x = (-- a == b ++)? -- a: ++b;

y = a ++ ;

z = b;

A. x = 0,y = 0,z = 0   B. x = -1,y = -1,z = 1

C. x = 0,y = 1,z = 0   D. x = -1,y = 2,z = 1

第3章 顺序结构程序设计

在信息处理中,经常会遇到这两类操作:一是对各种数据进行判断,并根据判断的结果选择不同的数据加工或信息处理方式;二是反复地执行某项操作,直到达到某个目的为止。为了满足人们对上述数据处理手段的需求,保证数据处理控制流程的规范性,在20世纪60年代末,人们提出了结构化程序设计方法的理论,其中,控制语句的结构化是结构化程序设计方法的精髓之一。所谓控制语句的结构化是指将顺序结构、选择结构和循环结构作为程序流程的基本控制结构,且每种语句结构只有一个入口、一个出口,从而改进了程序设计的效率,提高了程序设计的质量,使得设计出来的程序向着更加易读、易理解、易维护和易验证程序正确性的方向迈进。

C语言是一种支持结构化程序设计方法的程序设计语言,它对3种基本控制流程的描述提供了支持。本章主要介绍顺序结构,并介绍相应的传统流程图和 N-S 图;几种基本的输入输出函数:putchar()函数、getchar()函数、printf()函数和 scanf()函数。重点介绍printf()函数和 scabf()函数的基本格式、使用方法以及注意事项,并详细介绍几种格式控制符号和附加符号的使用,最后通过几个具体的实例来巩固本章所学知识。

例如,在C语言中如果想要将 a = 123.456 用指数形式输出怎样实现?

在C语言中,用程序求得结果,最终都要将其输出,当需要以特定的格式输出时,就需要使用输出函数;同样,当一个程序运行时,每次输入的数据可能都不相同,这就需要使用输入函数实现。使用输入/输出函数能够使得C语言程序更加规范、合理、简单、清晰、易懂,是学好C语言程序必不可少的部分。通过本章的学习,读者可以学会灵活运用输入/输出函数实现对C语言程序的编写。

3.1 任务1 结构化程序设计的三种基本结构

C语言是一种结构化、模块化的程序设计语言。结构化程序设计(structured programming)方法可以使程序结构清晰、可读性更强,能够提高程序设计的质量和效率。结构化程序设计的三种基本结构是顺序结构、选择结构和循环结构。

3.1.1 顺序结构

如果程序中的语句是按照书写顺序执行的,就称其为"顺序结构"。顺序结构的特点是程序按照语句从上到下的排列顺序依次执行,每条语句只能执行并且只能执行一次。图3-

1 所示分别为用传统流程图和 N－S 图表示的顺序结构。

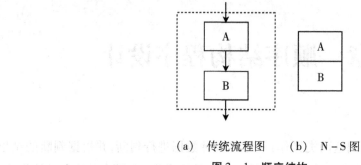

（a）传统流程图　（b）　N－S 图

图 3－1　顺序结构

流程图是由一些图框和流程线组成的,其中图框表示各种操作的类型,图框中的文字和符号表示操作的内容,流程线表示操作的先后次序,用图的形式将一个过程的步骤表示出来。流程图有很多种,本书所提到的是 C 语言中常用的两种:传统流程图和 N－S 图。

传统流程图采用的符号如图 3－2 所示。

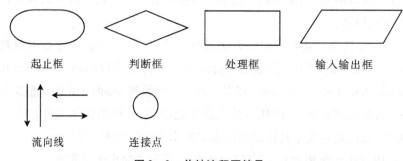

起止框　　　　　　判断框　　　　　处理框　　　　　输入输出框

流向线　　　　连接点

图 3－2　传统流程图符号

另一种是 N－S 流程图,也称盒图。传统流程图由一些特定意义的图形、流程线及简要的文字说明构成,它能清晰明确地表示程序的运行过程。在使用过程中,人们发现流程线不一定是必需的。为此,人们设计了一种新的流程图,它把整个程序写在一个大框图内,这个大框图由若干个小的基本框图构成,这种流程图简称 N－S 图(见图 3－1(b))。

顺序结构实例:

[**例** 3.1]输入长方体的长 l、宽 w 及高 h,求长方体的体积 v。

```
/* example3 - 1 */
#include < stdio. h >
void main( )
{
    float l,w,h,v;
    printf(" please input l,w,h:\n" );
    scanf(" %f,%f,%f" ,&l,&w,&h );
    v = l * w * h;
    printf(" v = %f \n" ,v);
```

　　}

运行结果：

　　please input l,w,h:

　　2.0,1.0,3.0↙

　　v=6.000000

3.1.2　选择结构

　　如果某些语句是按照某个条件来决定是否执行的,就称其为"选择结构"。选择结构的特点是判断某个条件是否成立,来决定是否执行某些语句。图 3-3 所示分别为用传统流程图和 N-S 图表示的选择结构。

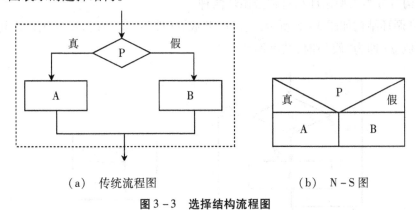

　　（a）　传统流程图　　　　　　　　　　（b）　N-S 图

图 3-3　选择结构流程图

　　图 3-3 中,P 代表一个条件,当 P 成立(即为"真")时,执行 A,当 P 不成立(即为"假")时,执行 B。也就是说,只能执行 A,或者只能执行 B,二者不能同时执行,最后两条路径汇合在一起继续执行其后的语句。

　　图 3-3 所示为一种常见的选择结构,在实际应用中,条件 P 可能会有 N 种取值,也就是说会有 N 个分支,因此选择结构可以派生出另一种基本结构,即多分支选择结构,如图 3-4 所示。

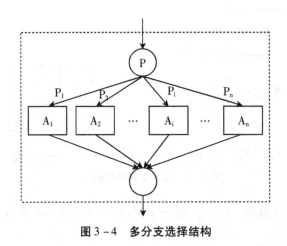

图 3-4　多分支选择结构

图 3-4 中,根据条件 P 的可能取值(P_1,P_1,…,P_i,…,P_n)来决定执行 A_1,A_2,…,A_i,…,A_n 之一。

选择结构可分为三种:单分支选择结构、双分支选择结构、多分支选择结构。在 C 语言中选择结构是用 if 语句和 switch 语句实现的,详细内容将在第 4 章中讲解。

3.1.3 循环结构

如果某些语句是要反复执行多次,称其为"循环结构"。循环结构的特点是当给定条件成立时,反复执行某些语句,直到条件不成立为止。循环结构是一种很重要的结构,因为循环结构可以大幅度简化程序段的大小。

循环结构可分为当型循环和直到型循环两种。

(1)当型循环结构如图 3-5 所示,当条件 P 成立(即为"真")时,反复执行语句集 A,直到条件 P 不成立(即为"假")时,结束循环。

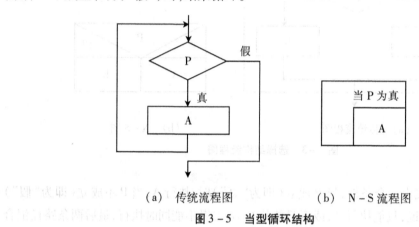

(a) 传统流程图　　　　(b) N-S 流程图

图 3-5　当型循环结构

(2)直到型循环结构如图 3-6 所示,先执行语句集 A,再判断条件 P 是否成立,如果条件 P 成立(即为"真"),再执行语句集 A,如此反复,直到条件 P 不成立(即为"假"),结束循环。

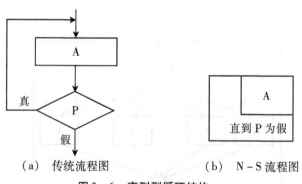

(a) 传统流程图　　　　(b) N-S 流程图

图 3-6　直到型循环结构

C 语言中有多种循环语句,有 while 语句、do…while 语句和 for 语句。详细内容将在第 5 章中讲解。

3.2　任务 2　输入与输出语句

在 C 语言程序中,经常遇到要输入一些变量的值,并在最后要把想要得到的值进行输出,这些功能就需要使用输入和输出语句来完成。前面看到的 scanf( )函数和 printf( )函数分别是 C 语言中常用的、典型的输入函数和输出函数,用于完成输入和输出功能。

C 语言的库函数并不是 C 语言本身的一部分,它是由编译程序根据一般用户的需要编写并提供用户使用的一组程序。C 语言的库函数极大地方便了用户,同时也补充了 C 语言本身的不足。事实上,在编写 C 语言程序时,应当尽可能多地使用库函数,这样既可以提高程序的运行效率,又可以提高编程的质量。

scanf( )函数和 printf( )函数都来自于标准的输入/输出头文件 stdio. h。在本节中,将介绍几种基本输入/输出函数。

3.2.1　字符输入与输出

1. putchar( )函数(字符输出函数)

putchar 函数是字符输出函数,其功能是用于向终端输出一个字符。其一般格式为:

　　putchar(字符参数);

其中,字符参数可以是字符常量、字符变量、控制字符、整型常量和整型变量。当为字符常量时,就是原样输出该字符常量;当为字符变量时,就是输出该变量的值;当为转义字符时,就是执行转义字符的控制功能,或者在屏幕上显示某个字符;当为整型常量和整型变量时,就是输出对应的 ASCII 码字符。例如:

```
putchar('a');          /* 字符常量,输出小写字母 a */
putchar(c1);           /* 字符变量,输出字符变量 c1 的值 */
putchar('\n');         /* 转义字符,输出转义字符的功能,换行 */
putchar('\101');       /* 转义字符,输出八进制 ASCII 码 101 对应的字符,即输出字符 A */
putchar(97);           /* 整型常量,输出对应的 ASCII 码字符,即输出字符 a */
putchar(a);            /* 整型变量,输出整型变量的值对应的 ASCII 码字符 */
```

字符输出函数实例:

[例 3.2]使用 putchar( )函数实现输出一些字符。

```
/* example3 - 2 */
#include < stdio. h >
void main( )
{
    char a = 'l',b = 'i',c = 'k',d = 'e';
    putchar(b);putchar(32);putchar(a);putchar(b);
    putchar(c);putchar(d);putchar(32);putchar(a);
    putchar(d);putchar(d);putchar('!');
```

```
    putchar('\n');
}
```

运行结果：

　　i like lee!

注意：

当在 C 源程序中使用到标准输入/输出函数库中的函数时，在该源文件的开头必须包含下面语句：

```
#include < stldo. h >
```

或

```
#include " stido. h"
```

两种写法的区别将在第 9 章中详细讲解。该语句只需在源程序文件的开头写一次即可。

另外，在某些系统或者版本中，由于 printf( )函数和 scanf( )函数在 C 源程序文件中被频繁使用，系统允许在使用这两个函数时可以不加载#include 头文件。

可以形象地理解，当借调使用到库函数里的函数时，要和该库函数打招呼，打招呼的方式就是加载#include 命令；又由于 printf( )函数和 scanf( )函数被频繁地借调使用，为了减少麻烦，相互约定在借调使用这两个函数时，可以不和该库函数打招呼。

对于 printf( )函数和 scanf( )函数是否需要加载#include 头文件，读者需要自己上机实验。

2. getchar( ) 函数(字符输入函数)

getchar( )函数是字符输入函数，其功能是从终端读入一个字符。该函数没有参数，其一般格式为：

```
getchar( );
```

函数的值就是从终端得到的值，一般将这个值赋给一个字符变量，例如：

```
char c;          /* 定义一个字符变量 c */
c = getchar( );   /* 由 getchar( )函数读入一个字符,并赋给字符变量 c */
putchar(c);       /* 由 putchar( )函数将字符变量中的值输出 */
```

[**例 3.3**]字符输入函数实例,使用 getchar( )函数实现输入一些字符并输出。

```
/ * example3 - 3 * /
#include < stdio. h >
void main( )
{
    char c;
    printf(" please input a character:\n" );
    c = getchar( );
    putchar(c);
}
```

运行结果：

　　please input a character：

　　　F↙

　　　F

其中第一个 F 是由用户输入到终端，然后由 getchar( )函数从终端读入到字符变量 c 中，第二个 F 是由 putchar( )函数输出到终端的。

注意：

(1)getchar( )函数只能接收单个字符，当输入多个字符时，只接收第一个字符。输入数字时，也按字符处理。如：

　　char c;

　　c = getchar( );

当输入数字"2"时，字符变量中得到的值是字符 2。

(2)在 C 源程序文件中，使用到 getchar( )函数时，必须在文件的开头加载头文件 stdio. h。

(3)getchar( )函数可以将得到的值赋给一个字符变量，也可以赋给一个整型变量，赋给整型变量时，该整型变量中存放的是该字符对应的 ASCII 码值。

(4)getchar( )函数得到的值也可以不赋给一个字符变量或者整型变量，也可以作为表达式的一部分，例如：

　　putchar(getchar( ));

或

　　printf(" %c" ,getchar( ));

3.2.2　格式输入与输出

1. printf( )函数(格式输出函数)

printf( )函数称为格式输出函数，print 意为"输出"，最后一个字母 f 意为"格式(format)"之意。其功能是按用户指定的格式，把指定的数据输出到指定终端上。在前面的例题中已经多次接触该函数。

putchar( )函数只能向终端输出一个字符，当需要输出多个字符或者任意类型的数据时，就需要使用 printf( )函数。其一般格式为：

　　　printf(格式控制,输出表列);

其中，格式控制是用双引号引起来的部分，是用户自己设计的输出格式，一旦设计好输出格式，系统就会按照该格式进行相应的输出。格式控制由格式控制字符串和非格式控制字符串两部分组成。

①格式控制字符串：由"%"和格式字符组成，作用是将要输出的数据按照用户指定的格式输出，如% d、% f、% c 等。

②非格式字符串：即普通字符，在输出时原样输出的字符。在输出中起到一个提示作用;也可以是转义字符，如'\n'、' \b'、' \t'等。

输出表列是要输出的数据，可以是常量，变量，表达式。只有有数据输出时，才有该项，如果没有数据输出,没有该项。有数据输出时,输出的数据必须与格式控制中的格式控制字符一一对应,并由用户在格式控制部分设计好要输出的格式,包括类型、长度、小数位数、形式等。例如:

```
printf(" hello! welcome to Haerbin. \n" );    /*原样输出,起提示作用*/
printf(" %d\n"/a);    /*将变量 a 的值用%d 格式输出,即十进制整型格式*/
```

下面将详细讲解格式字符。

(1)d 格式符。表示十进制整型,有以下几种用法:

①%d,按整型实际长度输出。

```
printf(" %d,%d" ,a,b);
```

若 a = 2,b = 3,则输出结果为:2,3。

②%md,m 为指定的输出数据的宽度,如果数据位数小于 m,则左补空格;如果数据位数大于 m,则按照数据实际位数输出,以保证数据的准确性。

```
printf(" %4d,%4d" ,a,b);
```

若 a = 123,b = 12345,则输出结果为:□123,12345

这里的□表示 1 个空格,由于屏幕上看不到,为了突出显示,在书中用□表示 1 个空格,起到强调作用。

③%ld,输出长整型数据。

```
long a = 123456;
printf(" %ld" ,a);
```

如果使用%d 进行输出,则会发生错误,long 型数据必须使用%ld 进行输出,也可以指定输出宽度,如 printf("%9ld" ,a);则输出结果为:□□□123456。

(2)o 格式符。表示八进制无符号整型,用法和 d 格式基本相似,不同之处为以八进制进行输出。例如:

```
int a = -1;
printf(" %d,%o,%9o,%1o" ,a,a,a);
```

输出结果为:

-1,177777,□□□177777,177777

-1 的八进制数为 177777,读者自行转换。

(3)x 格式符。表示十六进制无符号整型,用法和 d 格式以及 o 格式基本相似,不同之处为以十六进制进行输出。例如:

```
int a = -l;
printf(" %d,%o,%x,%6x,%lx" ,a,a,a,a,a);
```

输出结果为:

-1,177777,ffff,□□ffff,ffff

-1 的十六进制数为 ffff,读者自行转换。

(4)u 格式符。表示无符号十进制整型,用于输出 unsigned 型数据,用法和 d 格式、o 格式以及 x 格式基本相似,不同之处以无符号十进制整型进行输出。例如:

```
unsigned int a = 65533;
int b = -4;
printf(" %d,%o,%x,%u\n" ,a,a,a,a);
printf(" %d,%o,%x,%u\n" ,b,b,b,b);
```

输出结果为:

 -3,177775,fffd,65533

 -4,177774,fffc,65532

无符号十进制整型数 65533 的十进制整型数为 -3,读者自行转换。

(5)c 格式符。字符型格式,也可以是 0 ~ 255 之间的整数(ASCII 码)。常用的格式有
"%c","%mc"。m 同上,表示指定宽度输出,小于 m 时左边补空格。例如:

```
char c = 'a';
printf(" %c,%3c\n" ,c,c);
```

输出结果为:

 a,□□a

(6)s 格式符。字符串输出,常用的格式有"%s"、"%ms"、"%m.ns"。m 同上,表示指
定宽度输出,如果字符串长度大于 m,则按实际长度输出;如果小于 m,左边补空格。n 表示
从左端开始截取字符个数,如果 m < n,m 自动取 n 值。例如:

```
prinf(" %s,%7s,%4s,%5.3s,%.3s,%2.4s\n" ," happy" ," happy" ," happy" ," happy" ,
" happy" , " happy" );
```

输出结果为:

 happy,□□happy,happy,□□hap,hap,happ

(7)f 格式符。小数形式输出实型数,常用的格式有"%f"和"%m.nf"。

"%f"输出时,整数部分全部输出,小数部分输出 6 位。

"%m.nf"表示输出数据共占 m 位(小数点占一位),小数点后面取 n 位,如果数值长度
小于 m,左边补空格;如果截取小数位数后长度大于 m,则按实际长度输出,忽略 m。例如:

```
float f = 123.456;
printf(" %f,%8.2f,%.2f,%4.2f\n" ,f,f,f,f);
```

输出结果为:

 123.456000,□□123.46,123.46,123.46

(8)e 格式符。指数形式输出实型数,常用格式有"%e"和"%m.ne"。

"%e"输出时,小数部分占 6 位(不包括小数点),指数部分占 4 位(如 e +02),e 占 1 位,
符号占 1 位,指数占 2 位(不同系统或版本规定会有所不同)。数值按标准化指数形式输出
(即小数点前必须有且只有一位非零数字)。

"%m.ne"表示输出数据共占 m 位,数字部分的小数位数占 n 位(小数点占 1 位)。例如:

```
float f = 123.456;
printf(" %e,%10e,%10.2e,%.2e" ,f,f,f,f);
```

输出结果为:

1.234560e + 02,1.234560e + 02,□□1.23e + 02,1.23e + 02

(9)g 格式符。输出实数,它根据数值的大小,自动选择 f 格式或 e 格式中宽度较小的进行输出,且不输出无意义的零。例如:

float f = 123.456;

printf(" %f,%e,%g\n",f,f,f);

输出结果为:

123.456000,1.234560e + 02,123.456

介绍完以上 9 种格式符,现归纳列表,如表 3 - 1 所示。

表 3 - 1　格式字符及其含义

格式字符	含义
d	十进制有符号整型
o	八进制无符号整型
x 或 X	十六进制无符号整型(x 则十六进制 a ~ f 小写输出,X 则十六进制 A ~ F 大写输出)
u	十进制无符号整型
c	字符型
s	字符串
f	小数形式
e 或 E	指数形式(e 则用小写输出,E 则大写输出)
g 或 G	以%f 或%e 中较短的输出宽度输出,不输出无意义的 0(G 则用 e 输出时用大写输出)

在格式控制中,在% 和格式字符之间还可以插入表 3 - 2 中所列附加符号。

表 3 - 2　附加符号及其含义

字符	含义
字母 l	用于长整型
m(m 为正整数)	最小宽度(实际位数少于 m,左补空格或 0,大于 m,按实际位数输出)
n(n 为正整数)	精度(实数,表示小数位数;字符串,表示字符个数,实际位数大于 n,则截去超出的部分)
+	输出符号位
－	右边补空格,没有该项,左边补空格
#	对 o、x,表示输出加前缀 0 和 0x;对 e、g、f,表示当结果有小数时才给出小数点

格式输出函数实例:

[例 3.4]使用 printf( )函数实现输出 d 格式的数据。

```
/ * example3 - 4 * /
#include < stdio. h >
```

```
    void main( )
    {
        int a = 99,b = 100;
        printf(" %d %d \n",a,b);
        printf(" %d,%d \n",a,b);
        printf(" a = %d,b = %d \n",a,b);
        printf(" a = %3d,b = %2d \n",a,b);
        printf(" a = %d,%o,%x \n",a,a,a);
        printf(" a = %d,%#o,%#x \n",a,a,a);
    }
```

运行结果：

```
99 100
99,100
a = 99,b = 100
a = □99,b = 100
a = 99,143,63
a = 99,0143,0x63
```

格式输出函数实例：

[例 3.5]使用 printf( )函数实现输出 c 格式的数据。

```
/ * example3 - 5 * /
#include < stdio. h >
void main( )
{
    int a = 98;
    char c = 'a';
    printf(" c = %c,%d,% -3c,%3c \n",c,c,c,c);
    printf(" a = %d,%c,% -3c,%3c \n",a,a,a,a);
}
```

运行结果：

```
c = a,97,a□□,□□a
a = 98,b,b□□,□□b
```

格式输出函数实例：

[例 3.6]使用 Printf( )函数实现输出实型数据。

```
/ * example3 - 6 * /
#include < stdio. h >
void main( )
{
    float b = 123. 4567890;
    double d = 12345678. 1234567;
```

```
    printf(" b = %f,%lf,%6.1f,%5.4f \n" ,b,b,b,b);
    printf(" d = %lf,%12.2f,%8.5f \n" ,d,d,d);
    printf(" b = %e,%10e,%10.2e,%.2e,% - 10.2e \n" ,b,b,b,b,b);
    printf(" b = %f,%e,%g \n" ,b,b,b);
}
```

运行结果：

b = 123.456787,123.456787,□123.5,123.4568

d = 12345678.123457,□12345678.12,12345678.12346

b = 1.234568e + 02,1.234568e + 02,□□1.23e + 02,1.23e + 02,1.23e + 02□□

b = 123.456787,1.234568e + 02,123.457

格式输出函数实例：

[例 3.7]使用 pintf( )函数实现输出 s 格式的数据。

```
/ * example3 - 7 * /
#include < stdio. h >
void main( )
{
    printf(" %s,%3s,%7.2s,%.4s,%5.3s \n" ," computer" ," computer" ," computer" ,
    " computer" , " computer" );
}
```

运行结果：

computer,computer,□□□□□co,comp,□□com

注意：

(1)格式字符要用小写,如%d 不能写成%D。

(2)要区分普通字符和格式字符,在%后面的是格式字符,其他的是普通字符,需要原样输出。例如：

```
    printf(" d = %d,c = %c,f = %f\n" ,d,c,f);
```

(3)特别注意当格式控制中有附加符号" - "时,补空格时,一律右补空格。例如：

```
    printf(" % - 5d,%d\n" ,123,456);
```

输出结果为：

123□□,456

(4)特别注意当格式控制中有附加符号"0"时,用"0"代替空格补齐。例如：

```
    printf(" %09.2f\n" ,123.456);
```

结果为：

000123.46

(5)想输出百分号"%"时,使用%%或者'\%'。例如：

```
    printf(" 2.5%%" );
```

结果为：

2.5%

2. scanf( )函数(格式输入函数)

scanf( )函数称为格式输入函数,它包含在 stdio. h 文件中,与 printf( )函数相同,有些系统或者版本的 C 语言中也允许在使用 scanf( )函数时可以不包含 stdio. h 文件。

getchar( )函数只能从终端读入一个字符,当需要读入多个字符或者任意类型的数据时,就需要使用 scanf( )函数。其一般格式为:

scanf(格式控制,地址表列);

其中,格式控制的含义和 printf( )函数相同,不再赘述。地址表列是由取地址符"&"和一个变量名组成的,表示该变量的地址;或者是字符数组名;或者是字符串的首地址。

[例 3.8]格式输入函数实例。

```
/* example3 - 8 */
#include < stdio. h >
void main( )
{
    int x,y,z;
    printf(" please input x,y,z:\n" );
    scanf(" %d,%d,%d" ,&x,&y,&z);
    printf(" x = %d,y = %d,z = %d \n" ,x,y,z);
}
```

运行结果:

```
please input x,y,z:
12,13,14
x = 12,y = 13,z = 14
```

(1)scanf( )函数地址表列中的变量前必须加上取地址符"&",只给出变量名不合法。

(2)一个 scanf( )函数里的数据输入完毕,按[Enter]键确认输入结束。

(3)在进行数据输入工作时,输入的格式必须完全按照格式控制中设计的格式,否则会出错。

scanf(" %d,%d,%d" ,&a,&b,&c);

输入数据时,3 个数据之间必须用逗号","隔开,如 11,22,33。

scanf(" a = %d,b = %d,c = %d" ,&a,&b,&c);

输入数据时,必须按照格式原样输入,如 a = 11,b = 22,c = 33。

scanf(" %d:%d:%d" ,&a,&b,&c);

输入数据时,3 个数据之间必须用冒号":"隔开,如 11:22:33。

(4)如果格式控制中没有任何符号相隔,是连续的写法,输入数据时有 3 种方法将数据隔开:空格键,[Enter]键,[Tab]键。

scanf(" %d%d%d" ,&a,&b,&c);

输入数据时,以下方法都可以:

①11□22□33

②11(按[Enter]键)22(按[Enter]键)33

③11(按[Tab]键 ab)22(按[Tab]键)33

④11(按[Enter]键)22(按[Tab]键)33

(5)符号"*"的作用,表示读入对应的数据后,不赋给任何变量,也称跳过该输入值。例如:

```
scanf("%d% * d%d",&a,&c);
```

输入数据时,也需要输入3个数值,如输入11□22□33时,11赋给变量a,22被跳过,33赋给变量c。

(6)系统可以自动按照指定的宽度截取数据。例如:

```
scanf("2d%2d%2d",&a,&b,&c);
```

如果输入数据时连续输入:11223344,则系统会自动按照指定的宽度自动截取数据,11赋给a,22赋给b,33赋给c,后面的数据系统不再理会。

(7)scanf函数中不允许指定精度,如scanf("%7.2f",&f);是不合法的。

(8)遇到空格,[Enter]键,[Tab]键或非法数据,系统认为该数据输入结束。例如:

```
scanf("%d%c",&a,&c);
```

输入11a时,读入11,遇到a非整型数据,结束读入,将11赋给a,然后读入a赋给c。

(9)当输入一个双精度double型数据时,必须使用%lf格式,否则会出错。例如:

```
double f;
scanf("%lf",&f);
```

3.3　任务3　顺序结构程序设计举例

工作情境一　求三角形面积

[例3.9]输入三角形两边a,b和夹角x,求三角形的第三边c和面积s。

```
/ * example3 - 9 * /
#include < stdio. h >
#include < math. h >
#define PI 3. 14159
void main( )
{
    float a,b,c,x,s;
    printf("a,b,x = \n");
    scanf("%f,%f,%f",&a,&b,&x);
    x = x * PI/180;
    c = sqrt(a * a + b * b - 2 * a * b * cos(x));
    s = 0.5 * a * b * sin(x);
```

```
        printf(" c = %f,s = %f \n" ,c,s);
    }
```

运行结果:
```
    a,b,x =
    2,4,90↙
    c = 4.472134,s = 4.000000
```

工作情境二　求一元二次方程的根

[**例** 3.10]求一元二次方程 $ax^2 + bx + c = 0$ 的实数根 $\dfrac{-b \pm \sqrt{b^2 - 4ac}}{2a}$,a,b,c 由键盘输入,要求 $a \neq 0$,且 $b^2 - 4ac > 0$ (此处的其他判断情况,在学完第 4 章后,读者可自行添加到程序中)。

```
/ ∗ example3 - 10 ∗ /
#include < stdio. h >
#include < math. h >
void main( )
{
    float a,b,c,disc,x1,x2;
    printf(" a,b,c = \n" );
    scanf(" %f,%f,%f" ,&a,&b,&c);
    disc = b ∗ b - 4 ∗ a ∗ c;
    x1 = ( - b + sqrt(disc))/(2 ∗ a);
    x2 = ( - b - sqrt(disc))/(2 ∗ a);
    printf(" x1 = %7.2f,x2 = %7.2f \n" ,x1,x2);
}
```

运行结果:
```
    a,b,c =
    2,4, - 3↙
    x1 = □□□0.58,x2 = □□ - 2.58
```

本章小结

　　C 语言是结构化、模块化的程序设计语言,结构化程序设计包括三种基本结构:顺序结构、选择结构和循环结构。本章对这三种基本结构进行了简单的介绍,还学习了 4 种基本的输入输出函数,其中 putchar( )函数和 getchar( )函数只能用于单个字符的输出和输入;printf( )函数和 scanf( )函数在使用的时候,需要特别注意格式的设计和使用。另外,在使用输入/输出函数时,需要包含 stdio. h 头文件。

项目实训三

1. 实训目标

（1）掌握 putchar( )函数和 getchar( )函数的使用。

（2）掌握 printf( )函数的使用方法。

（3）掌握 scanf( )函数的使用方法。

（4）掌握各种格式符的用法。

（5）进一步掌握格式控制中附加符号的使用方法。

2. 实训内容

题目 1　写出程序的运行的结果。

```
#include < stdio. h >
void main( )
{
    int a = 123;
    printf(" a = %d,%5d,% - 5d\n" ,a,a,a);
}
```

题目 2　写出程序的运行结果。

```
#include < stdio. h >
void main( )
{
    char c1 = 'a',c2;
    c2 = cl - 32;
    printf(" %c,%d\n" ,c1,c1);
    printf(" %c,%d\n" ,c2,c2);
}
```

思考:可否改成 int cl = 'a',c2;?

题目 3　写出程序的运行结果。

```
#include < stdio. h >
void main( )
{
    float f = 987. 654321;
    printf(" %f,%8. 2f,%. 2f,% - 8. 2f,%4. 2f\n" ,f,f,f,f,f);
```

思考:将程序中的 f 格式改成 e 格式,又会得到什么样的结果?

题目 4　写出程序的运行结果。

```
void main( )
{
    char cl = 'H',c2 = 'O',c3 = 'W';
```

```
        putchar(c1);putchar(c2);putchar(c3);
        putchar('\n');putchar(c1);
        putchar('\n');putchar(c2);
        putchar('\n');putchar(c3);
}
```

思考:在上面程序中,缺少代码,请添加。如果使用 printf( )函数得到相同的输出结果,应该怎样修改程序?

题目5 下列程序中,如果 a = 123, b = 456, c = 789,应该如何正确输入数据,以及输出结果是什么。

```
#include < stdio. h >
void mrlin( )
{
    int a,b,c;
    printf(" please input a,b,c:\n" );
    scanf(" a = %d,b = %d,c = %d" ,&a,&b,&c);
    printf(" a is %d\tb = %4d\nc:%2d\n" ,a,b,c);
}
```

思考:如果将输入语句改为 scanf("%d%d%d" ,&a,&b,&c);应该如何输入数据?

练习与提高

1. 选择题

(1)以下不属于三种基本结构的是(　　)。

　　A. 选择结构　　　　　　　　　　B. 循环结构

　　C. 跳转结构　　　　　　　　　　D. 顺序结构

(2)以下程序的运行结果是(　　)。

```
#include < stdio. h >
void main( )
{
    char c =65;
    putchar('A');putchar('\n');putchar(c);
}
```

　　A. A　　　　　　　　　　　　　B. A
　　　65　　　　　　　　　　　　　　A

　　C. A65　　　　　　　　　　　　D. AA

(3)putchar( )函数可以向终端输出一个(　　)。

　　A. 字符串　　　　　　　　　　　B. 单个字符或字符型变量的值

C. 不确定的值　　　　　　　　　　D. 空格

（4）以下程序的运行结果是（　　　）。

```
#include < stdio. h >
void main( )
{
    int a =3,b =4;
    printf(" a = % % %d,b = %d% %" ,a,b);
}
```

A. a = 3,b = 4　　　　　　　　　B. a = 3% ,b = 4%

C. a = %d,b = %d　　　　　　　　D. a = %3,b = 4%

（5）下面数据如何输入能使得 x = 123,b = 'a',c = 1. 23 的是（　　　）。

```
#include < stdio. h >
void main( )
{
    int x;char b;double c;
    scanf(" %d%c%lf" ,&x,&b,&c);
    printf(" %d,%c,%lf\n" ,x,b,c);
}
```

A. 1234a1. 23　　　　　　　　　　B. 123a1. 23

C. 123. a,1. 23　　　　　　　　　　D. 错误的代码

2. 分析程序,写出结果

（1）以下程序的运行结果为_____。

```
#include < stdio. h >
void main( )
{
    printf(" %s,%8s,%3s,%5.3s,% -5.3s,%.3s\n" ," sTRUCT" ," STRUCT" ,
    " STRUCT" , " STRUCT" , " STRUCT" ," STRUCT" );
}
```

（2）以下程序的运行结果为_____。

```
#include < stdio. h >
void main( )
{
    float f = 3456. 7891;
    printf(" f = %f,f = %e,f = %g\n" ,f,f,f);
}
```

（3）当输入数据为 78,35,24 时,以下程序的运行结果为_____。

```
#include < stdio. h >
void main( )
```

```
{
    int z,y,z;
    scanf(" %d,%d,%d" ,&x,&y,&z) ;
    printf(" x + y + z = %d\nx - y - z = %d\n" ,x + y + z,x - y - z);
}
```

3.编程题

(1)已知有一个圆、一个圆球、一个圆柱,已知圆半径 r,圆柱高 h,求圆周长、圆面积,圆球表面积、圆球体积、圆柱体积。要求用 scanf( )函数输入已知数据,输出结果,要有必要的输出提示语,并取到小数后两位。

(2)编写程序,输入 1 个小写字母,输出其对应的 ASCII 码与其对应的大写字母形式。

第4章 选择结构程序设计

选择结构作为结构化程序的基本控制结构之一,主要用于描述程序中根据某些数据的取值或计算结果选取不同操作的处理方式。选择结构的描述由两个基本部分组成,一是对选择条件的描述;二是对处理分支的描述。前者经常采用关系运算与逻辑运算来表示,后者包含不同分支的具体操作内容。本章主要介绍 if 语句的四种形式:if 单分支语句、if 双分支语句、if 多分支语句和 if 语句的嵌套形式,以及嵌套时的匹配原则,并详细介绍几种形式的使用方法及其注意事项。另外介绍一种多分支选择语句——switch 语句,以及 switch 语句的使用方法和注意事项,介绍 break 语句在 switch 语句中的使用。并对 if 多分支语句和 switch语句进行比较对比。最后通过几个实例来加强对选择结构的认识和学习。

例如,在第 3 章中求解一元二次方程的根,对 b^2-4ac 进行判断,根据判断结果执行相应的分支,如何实现?

在实际应用中,会遇到各种各样的判断问题,根据对条件判断得到的不同结果,来选择相应的分支执行。如何解决这类选择性的问题,就是本章学习的重点。选择结构是 C 语言程序设计中重要的一种结构,对学好 C 语言至关重要。通过学习本章内容,读者可以学会两种选择结构:if 语句和 switch 语句,以及它们的使用方法和技巧。

4.1 任务1 认识选择结构程序设计

选择结构体现了程序的判断能力。具体地说,在程序执行中能依据运行时某些变量的值,确定某些操作是做还是不做,或者确定若干个操作中选择哪个操作来执行。选择结构有三种形式:单分支结构、双分支结构和多分支结构。C 语言为这三种结构分别提供了相应的语句。

构成选择结构的要素有两个:一个是条件,一个是执行操作。

条件一般是一个表达式,也可以是常量、变量。条件是能够进行判断,并有一个或一个以上的结果,每种结果都会有相应的执行操作,根据条件的结果,会有相应的一个并且仅有一个确定的执行操作。根据条件的结果数目,选择结构一般有以下三种形式。

1.单分支结构

在 C 语言中,用 if 语句实现单分支结构。单分支结构是根据条件的判断结果,来决定是否执行其后面的执行操作。单分支结构如图 4-1(a)所示。

2.双分支结构

在 C 语言中,用 if...else 语句实现双分支结构。双分支结构是对条件进行判断,从而得到两个结果(即真和假),根据真假结果选择两种执行操作之一。双分支结构如图 4 - 1(b)所示。

3.多分支结构

在 C 语言中,用 if 语句的嵌套形式或者 switch 语句实现多分支结构。多分支结构,顾名思义,对条件进行判断,会得到 n 个结果,每种结果对应一个执行操作,即有 n 个分支;当 n 个结果都不满足时,执行第 n + 1 个分支。即多分支结构在 n + 1 个分支中选择其中一个执行。多分支结构如图 4 - 1(c)所示。

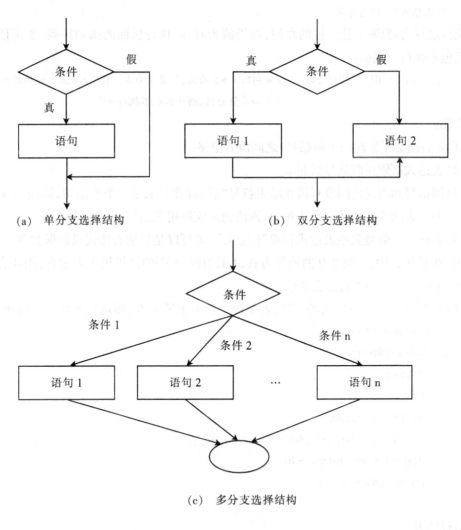

(a) 单分支选择结构　　　　　(b) 双分支选择结构

(c) 多分支选择结构

图 4 - 1　选择结构

4.2 任务 2 if 语句的典型应用

if 语句是典型的选择结构语句,if 语句在 C 语言中用来判定所给定的条件是否满足,根据判定的结果(真或假)决定执行给出的两种操作之一。

4.2.1 简单 if 语句形式

简单 if 语句也称单分支结构,根据 if 后面表达式值的真假来决定是否执行其后面的语句,其一般格式为:

    if(表达式)　语句序列

执行过程为:判断表达式值的真假,如果值为真,则执行后面的语句序列,如果值为假,则什么也不执行。例如:

    if(x > y) printf(" %d\n",x)   /* 判断 x > y 的值,如果值为真,则执行输出 x 的操作 */
                                   /* 如果值为假,则什么也不执行 */

注意:

(1)if 后面必须紧跟一个圆括号,之间没有空格。

(2)表达式必须用圆括号括起来。

(3)圆括号和语句之间没有语句结束符号";",除非后面是一个空语句,如:if(a > 0);。

(4)如果表达式后面是一个语句组,该语句组应该用花括号"( )"括起来。

(5)表达式一般是关系表达式和逻辑表达式,也可以是其他表达式或数据类型。

(6)在 C 语言中,一切非 0 的值都为真,0 值为假,判断的结果用 1 表示真,用 0 表示假。如 if(5) printf(" true. \n");是合法的。

[例 4.1]输入一家三口人的年龄,若年龄之和小于等于 70,则可以参加全家运动会。

```
/* example4 - 1 */
#include < stdio. h >
void main( )
{
    int dad,mum,baby;
    scanf(" %d,%d,%d" ,&dad,&mum, &baby) ;
    if( dad + mum + baby < =70)
    printf(" pass! \n" ) ;
}
```

运行结果:

    30,28,3↙

    pass!

[例 4.2]从键盘输入一个字符,若该字符是小写字母,将其转换为大写形式,并输出。

```
/* example4 - 2 */
```

```
#include < stdio. h >
void main( )
{
    char c;
    c = getchar( );
    if( c > = 'a' && c < = 'z') c = c - 32;
    putchar( c);
}
```

运行结果：

q↙

Q

4.2.2　标准形式 if...else

标准形式的 if...else 语句也称双分支结构,根据 if 后面的表达式值的真假来决定执行其后面的两条语句之一,其一般格式为:

if(表达式)　语句序列1

else　语句序列2

执行过程为:判断表达式值的真假,如果值为真,则执行后面的语句序列1,如果值为假,则执行 else 后面的语句序列2。例如:

```
if(x > y) printf(" %d\n",x);      /*判断 x > y 的值,如果值为真,则执行输出 x 的操作*/
else printf(" %d\n",y);           /*如果值为假,则执行输出 y 的操作*/
```

注意:

(1)if 和 else 是成对出现的,else 不能单独使用,必须和 if 配对使用。

(2)else 和后面的语句 2 之间没有分号";",初学者应当注意。

(3)if 和 else 后面的语句后都有分号";",是 if...else 内嵌语句所要求的,如果没有这个分号,就会出现语法错误。但是应该注意,不要误认为是两个语句(if 语句和 else 语句),它们属于同一个 if...else 语句。

```
if(x < 0)
printf(" %d\n",x);
else
printf(" %d\n",y);
```

(4)表达式可以是任意类型的表达式,也可以是任意类型的常量或者变量。值为非 0 为真,值为 0 为假。

(5)条件表达式也可以实现选择结构。例如:

```
c = (a < b)? a:b;
```

可以使用 if...else 语句实现:

```
if(a < b) c = a;
else c = b;
```

[例 4.3]使用 if...else 语句编程,学习成绩 > =60 用 A 表示,60 分以下的用 B 表示。

```
/ * example4 - 3 * /
#include < stdio. h >
void main( )
{
    int score;
    char grade;
    printf(" please input a score:\n" );
    scanf(" %d" ,&score);
    if( score > =60)    grade = 'A';
    else                grade = 'B';
    printf(" %d belongs to %c. \n" ,score,grade);
}
```

运行结果:

```
please input a score:
88✓
88 belongs to A.
```

[例 4.4]使用 if...else 语句编程,从键盘输入三角形的三边,判断能否构成三角形,如果能,求该三角形的面积。

```
/ * example4 - 4 * /
#include < stdio. h >
#include < math. h >
void main( )
{
    float a,b,c;
    double s,area;
    printf(" please input three datas:\n" );
    scanf(" %f,%f,%f" ,&a,&b,&c);
    if(a + b > c && b + c > a &&c + a > b)
    {
        s = 0. 5 * (a + b + c);
        area = sqrt(s * (s - a) * (s - b) * (s - c));
        printf(" area = %6. 2f \n" ,area);
    }
        else
        printf(" It is not a trilateral. \n" );
}
```

运行结果:

```
please input three datas:
```

```
3.0,4.0,5.0↙
area = 6.00
```

4.2.3　嵌套 if 语句形式

在 if 语句中又包含一个或多个 if 语句的形式,称为 if 语句的嵌套。嵌套既可以出现在 if 语句块中,也可以出现在 else 语句块中。

[例 4.5]嵌套 if 实例

```
/ * example4 - 5 * /
#include < stdio. h >
void main( )
{
    char sex;
    int age;
    printf(" please input sex,age:\n" );
    scanf(" %c,%d" ,&sex,&age);
    if( sex == 'f' || sex == 'F')
        if( age < 18) printf(" hey,girl! \n" );
        else printf(" hey,lady! \n" );
    else
        if( sex == 'm' || sex == 'M')
        if( age < 18) printf(" hey,boy! \n" );
        else printf(" hey,man! \n" );
    else printf(" error sex! \n" );
}
```

运行结果:

```
please input sex,age:
m,14↙
hey,boy!
```

嵌套 if 语句的一般形式如图 4 - 2 所示,当然还有其他形式,可在学习中慢慢领会。

```
if(表达式1)
    if(表达式2)      } if 语句块内
        语句序列    } 嵌 if 语句
        (a)

if(表达式1)
    if(表达式2)
        语句序列1   } if 语句块
                   } 内嵌 if...
    else
                   } else 语句
        语句序列2
        (b)
```

图4-2 if语句嵌套形式

在C语言中,对于多重嵌套if语句,最容易出现的就是if与else的配对错误,嵌套中的if与else的配对关系非常重要。

C语言规定其原则为:else总是与它前面相邻最近的未曾配对的if配对。

为了避免if与else的配对混淆,可以通过加花括号{}明确配对关系,这样程序也会更加清晰易读。

初学者在使用if的嵌套形式时,要尽量减少嵌套的层数和数量,否则有可能使得程序混乱不可读。

注意:

(1)在C语言中,不以书写格式区分不同的语句,语句之间是通过其逻辑关系加以区分的。因此,在if语句中使用花括号"{}"将同一层次的语句部分括起来,可以使得程序结构清晰、可读性强。特别对大型程序更加必要。仅当有一条语句时,花括号"{}"可以省略。

(2)通常情况下,在书写嵌套格式时采用"向右缩进"的形式,以保证嵌套的层次结构分明,可读性强。

4.2.4 多分支if...else if语句形式

多分支if...else语句也称规则嵌套形式,一般形式为:

   if(表达式1)语句序列1

else if(表达式 2)语句序列 2

else if(表达式 3)语句序列 3

…

else if(表达式 n−1)语句序列 n−1

else 语句序列 n

　　执行过程为:如果表达式 1 为真,则执行语句序列 1;否则判断表达式 2,若该表达式为真,则执行语句序列 2;否则判断表达式 3,若为真,则执行语句序列 3;依此类推,直到表达式 n−1,若为真,则执行语句序列 n−1,否则,执行语句序列 n 。

　　语句序列 1 到语句序列 n,只能有一组被执行。图 4−3 所示为多分支 if…else 语句的流程图。

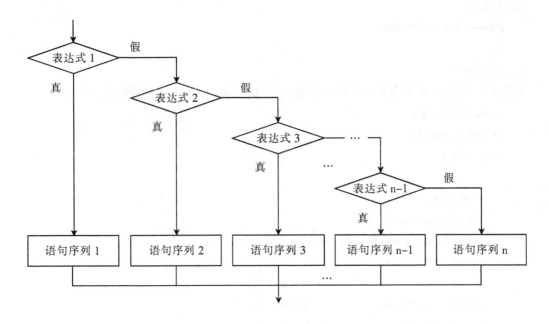

图 4−3　多分支 if…else 语句流程图

　　[例 4.6]编写 C 程序,从键盘输入一个字符,判断该字符是否是数字、大写字母、小写字母、空格、换行符或者其他。

```
/ * example4 −6 * /
#include < stdio. h >
void main( )
{
    char c;
    printf(" please input a character \n" );
    c = getchar( );
    if( c > = '0' && c < = '9')
        printf(" %c is digital \n" ,c);
        else if( c > = 'A' && c < = 'z')
```

```
            printf(" %c is uppercase \n" ,c);
        else if( c > = 'a' && c < = 'z')
            printf(" %c is lowercase \n" ,c);
        else if( c == ' ')
            printf(" %c is space \n" ,c);
        else if( c == '\n')
            printf(" %c is enter \n",c);
        else
            printf(" %c is another \n" ,c);
    }
```

运行结果：

    please input a character：

    #↙

    # is another

[**例** 4.7] 给出一个不多于 5 位的正整数，求它的位数，并逆序输出该数的各位数字。

```
/ * example4 - 7 * /
#include < stdio. h >
void main( )
{
    long int s;
    int s1,s2,s3,s4,s5;
    printf(" Input a less than five positive integer: \n" );
    scanf(" %ld" ,&s);
    s5 = s/10000;              / * 分离出万位 * /
    s4 = s%10000/1000;         / * 分离出千位 * /
    s3 = s%1000/100;           / * 分离出百位 * /
    s2 = s%100/10;             / * 分离出十位 * /
    s1 = s%10;                 / * 分离出个位 * /
    if(s5! = 0)
        printf(" This is five digits:%d %d %d %d %d \n" ,s1,s2,s3,s4,s5);
    else if(s4! = 0)
        printf(" This is four digits:%d %d %d %d \n" ,s1,s2,s3,s4);
    else if(s3! = 0)
        printf(" This is three digits:%d %d %d \n" ,s1,s2,s3);
    else if(s2! = 0)
        printf(" This is two digit:%d %d \n" ,s1,s2);
    else if(s1! = 0)
        printf(" This is one digits:%d \n" ,s1);
}
```

运行结果：

　　input a less than five positive integer：

　　4859✔

　　this is four digits：9 5 8 4

4.3　任务 3　switch 语句的应用

采用 if…else if 语句形式实现多分支结构，实际上是将问题化成多个层次，并对每个层次使用单、双分支结构的嵌套，采用这种方法一旦嵌套层次过多，将会造成编程、阅读、调试的困难。通常可以通过 C 语言提供的 switch 语句来处理多分支选择结构。其一般格式为：

```
switch(表达式)
{
    case 常量表达式 1：语句序列 1;break;
    case 常量表达式 2：语句序列 2;break;
    …
    case 常量表达式 n：语句序列 n;break;
    default：    语句序列 n + l;break;
}
```

注意：

（1）表达式必须使用圆括号()括起来，不能为空。

（2）标号后的冒号"："不能省略，语句后的分号"；"也不能省略。

（3）表达式的值必须是整数、字符或枚举值。

（4）常量表达式的类型应该与 switch 后面的表达式的值类型相同。

（5）switch 语句中所有 case 后的常量表达式的值都必须互不相同。

（6）根据 switch 后面的表达式的值，可能在 case 后面的常量表达式中找到相同值，如果找不到，执行 default 后面的语句序列。

（7）default 语句可以省略，但是 default 语句可以对不满足条件的情况加以说明，防止程序走空。

（8）break 语句可以使流程立即退出 switch 语句结构。

（9）每个 case 后面的语句序列和 break 语句，可以不使用花括号||括起，括起来也没有错误。

图 4 - 4 所示为 switch 语句的流程图。

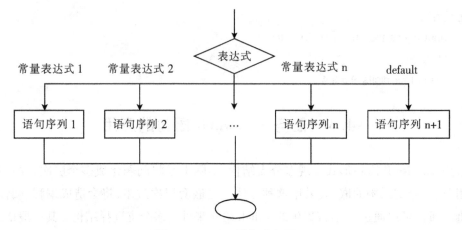

图 4 – 4　switch 语句流程图

switch 语句的执行过程说明：

（1）计算表达式的值。

（2）将表达式的值与每个 case 后的常量表达式进行比较。如果与某个 case 后的常量表达式相等，则执行其后的语句序列。

（3）如果表达式的值与所有 case 后的常量表达式都不相等，做如下处理：如果有 default 语句，执行其后的语句，如果没有 default 语句，则直接结束 switch 语句。

注意：

（1）switch 语句可以没有 break，也可以没有 default。

（2）switch 语句找到入口后，执行完入口语句后，如果没有 break 语句，会将其后的所有 case 语句都执行一遍，直到整个 switch 结构结束；也就是说为找入口，判断工作只进行一次，此后，不再进行任何判断工作，故此，break 语句很重要。

（3）每个 case 和 default 语句的书写顺序不固定，但是建议按照一定的顺序排列书写，最后写 default 语句。

（4）break 语句的作用：break 语句可以使程序立即跳出 switch 语句结构。假设没有 break 语句，找到入口（即和表达式值相等的 case 后的常量表达式）后，执行完该条 case 语句后，会无条件地执行下一条 case 语句，此时不会进行检查相等比较，以及执行其后的所有 case 语句，直到遇到 break 语句，或者执行到 switch 语句中的最后一条语句。

由于在执行一个 case 语句之后，控制将自动转移到语句后的下一个语句，因此在一个 case 结束，下一个 case 开始之前，用一个 break 语句退出 switch 语句是必要的。

[例 4.8]编写程序，从键盘输入星期几的第一个字母（大写形式）来判断是星期几，如果第一个字母相同，则判断第二个字母。

```
/ * example4 – 8 * /
#include < stdio. h >
void main( )
{
```

```
        char c;
        printf(" please input frist letter:\n");
        scanf(" %c",&c);
        switch(c)
        {
            case 'S':printf(" please input second letter:\n");
                scanf(" %c",&c);      /*此处%c前一定要加一个空格,用来抵消前面 scanf 函
                                      数中的回车*/
                if(c == 'A') printf(" SATRUDAY \n");
                else if(c == 'U') printf(" SUNDAY \n");
                else printf(" error \n");
                break;
            case 'F':printf(" FRIDAY \n");
                break;
            case 'M':printf(" MONDAY \n");
                break;
            case 'T':printf(" please input second letter:\n");
                scanf(" %c",&c);      /*此处%c前一定要加一个空格,用来抵消前面 scanf 函
                                      数中的回车*/
                if(c == 'U') printf(" TRESDAY \n");
                else if(c == 'H') printf(" THURSDAY \n");
                else printf(" error \n");
                break;
            case 'W':printf(" WEDNESDAY \n");
                break;
            default:printf(" error \n");
        }
    }
```

运行结果:

```
    please input frist letter:
    M✓
    MONDAY
```

下面看一个例子,为如果没有 break 语句的情况。

```
    int s = 1;
    switch(s)
    {
        case 1:printf(" c program\n");
        case 2:printf(" c ++ program \n");
    }
```

运行结果：

  c program

  c ++ program

case1 不是以 break 语句结束的,程序不再进行标号的判断直接执行下一条语句。当希望 s = 1,只输出 c program 时,得到的结果就不是想要的。所以可以看到 break 的重要性。

注意：

需要在 switch 结构的 case 后使用 break 语句时,如果忘记使用的话,将会导致程序的结果错误。

利用 break 语句可以实现多个 case 语句共有一组执行语句,当多个 case 需要执行相同的语句时,可以采用下面的格式：

```
switch(x)
{
    case 1:
    case 2:
    case 3:printf("x < = 3\n");break;                /*语句块1*/
    case 4:
    case 5:printf("x > =4 and x < =5\n");break;     /*语句块2*/
}
```

当整型变量 x 的值为 1、2 或 3 时,执行语句块 1；当整型变量 x 的值为 4、5 时执行语句块 2；将几个标号列在一起,意味着这些条件具有一组相同的动作。

[例 4.9]编写程序,输入一个月份,输出 2012 年该月有多少天。要判断输入的月份有多少天,就要知道该月是大月是小月,对于每一年而言,大月(1、3、5、7、8、10、12)有 31 天,小月(4、6、9、11)有 30 天。由于 2012 年不是闰年,所以 2 月份为 28 天。

```
/* example4 -9 */
#include < stdio. h >
void main()
{
    int month;
    int day;
    printf("please input the month number:\n");
    scanf("%d",&month);
    switch(month)
    {
        case 1:
        case 3:
        case 5:
        case 7:
        case 8:
```

```
        case 10：
        case 12：day = 31；break；
        case 4：
        case 6：
        case 9：
        case 11；day = 30；break；
        case 2；day = 28；break；
        default：day = - 1；
    }
    if( day == - 1) printf(" error input! \n" );
    else printf(" 2012. %d has %d days \n" ,month,day);
}
```

运行结果：

please input the month number：

9↙

2012. 9 has 30 days

这里引用了标记值 - 1，表示输入月份出错的情况。对标记值必须有所选择，使它能够区别要接受的正常的数据。因为每月的天数应该是非负整数，所以本例中可以采用负值 - 1作为标记值。

[**例** 4. 10]编写程序，对于输入一个给定的百分数成绩，输出用相应的 A、B、C、D 和 E 表示的等级成绩(每 10 分为一档，低于 60 均为 E)。

```
/ * example4 - 10 */
#include < stdio. h >
void main( )
{
    int score,num,flag；
    char grade；
    flag = 1；
    scanf(" %d" ,&score);
    if( score == 100) num = 9；
    else num = ( score - score%10)/10；
    switch( num)
    {
        case 9：grade = 'A'；break；
        case 8：grade = 'B'；break；
        case 7：grade = 'C'；break；
        case 6：grade = 'D'；break；
        case 5：
        case 4：
```

```
        case 3:
        case 2:
        case 1:grade = 'E';break;
        default:break;
    }
    printf("The score is:%d. The grade is %c. \n",score,grade);
}
```

运行结果:

87↙

The score is:87. The grade is B.

思考:哪种情况下用 switch 语句比用 if 语句更好?

switch 语句与 if 语句不同,switch 语句只能对整型(字符型、枚举型)等进行测试,而 if 语句可以处理任意数据类型的关系表达式、逻辑表达式以及其他表达式。如果有两条以上基于同一个整型变量的条件表达式,那么最好使用 switch 语句。例如,与其使用下述的 if 语句格式:

```
if(v ==1) r +=2;
else if(v ==2) r -=2;
else if(v ==3) r *=2;
else r/=2;
```

不如使用如下 switch 代码,它更易于阅读和维护:

```
switch(v)
{
    case 1:r +=2;break;
    case 2:r -=2;break;
    case 3:r *=2;break;
    default:r/=2;
}
```

注意:

使用 switch 语句的前提是条件表达式必须是基于同一个整型(或字符型)变量,实型和字符串都是不允许的。

4.4 任务4 语句标号和 goto 语句

4.4.1 语句标号

在 C 语言中,语句标号不必特殊加以定义,标号可以是任意合法的标识符,当在标识符后面加一个冒号,如:flag1:、stop0:,该标识符就成了一个语句标号。注意:在 C 语言中,语句标号必须是标识符,因此不能简单地使用 10:、15:等形式。标号可以和变量同名。

通常,标号用作 goto 语句的转向目标。如:

　　goto stop;

在 C 语言中,可以在任何语句前加上语名标号。例如:

　　stop:printf("END \n");

4.4.2　goto 语句

goto 语句称为无条件转向语句,goto 语句的一般形式如下:

　　goto 语句标号;

　　goto 语句的作用是把程序的执行转向语句标号所在的位置,这个语句标号必须与此 goto 语句同在一个函数内。滥用 goto 语句将使程序的流程毫无规律,可读性差,对于初学者来说应尽量不用。

4.5　任务5　选择结构程序设计举例

工作情境一　计算银行存款利息

　　[例4.11]已知银行整存整取存款不同期限的月息利率分别为:三个月为 2.25‰,六个月为 2.5‰,一年为 2.75‰,二年为 3.55‰,三年为 4.15‰,五年以上为 4.55‰(不足的年份舍弃不计,如 3 年 4 个月,算 3 年)。输入存款的本金和年限,求到期时能从银行得到的利息与本金的合计。(利息的计算公式为:利息 = 本金 × 月息利率 × 存款年限)

```
/* example4 - 11 */
#include < stdio. h >
void main()
{
    double a,c,d;
    int b;
    printf(" Input the principal, fixed number of year:\n");
    scanf(" %lf,%d",&a,&b);
    switch(b)
    {
        case 3:c = 0.00225;break;
        case 6:c = 0.0025;break;
        case 12:c = 0.00275;break;
        case 24:c = 0.00355;break;
        case 36:c = 0.00415;break;
        case 60:c = 0.00455;break;
    }
```

```
        d = a * c * b + a;
        printf(" %dmonths later, the principal and interest of the total: %. 2lf \n" ,b,d) ;
    }
```

运行结果：

Input the principal,fixed number of year：

10000,24

24 months later,the principal and interest of the total:10852. 00

工作情境二　依据体重判断健康状况

[例4.12]根据人的身高和体重,计算体重指数,判断健康状况。体重指数(w 代表体重,单位为 kg,h 代表身高,单位为 m)

当 t < 18 时,体重偏轻；

当 18≤t < 25,体重正常；

当 25≤t < 30,体重偏重；

当 t≥30,体重超重。

```
/ * example4 - 12 * /
#include < stdio. h >
void main( )
{
    float h,w,t;
    printf(" Input weight and height: \n" );
    scanf(" %f,%f" ,&w, &h) ;
    t = w/(h * h) ;
    if(t > = 18)
    {
        if(t > = 25)
        {
            if(t > =30) printf(" You overweight \n" ) ;
            else printf(" Your weight on \n" ) ;
        }
        else printf(" Your weight is normal \n" ) ;
    }
    else printf(" You are underweight \n" ) ;
}
```

运行结果：

input weight and height：

55. 0,1. 65↙

your weight is normal

工作情境三　设计简易计算器

[**例** 4.13] 设计一个简易计算器,能够进行加法、减法、乘法和除法的计算,从键盘输入运算符 oper(+ 、- 、* 、/)、第一个操作数 data1、第二个操作数 data2,然后根据操作数,对两个操作数进行相应的运算操作。

```c
/ * example4 - 13 * /
#include < stdio. h >
void main( )
{
    double data1 ,data2 ;
    char oper ;
        printf(" \t \t - - - - - - - - - Simple calculator - - - - - - - - - \n" ) ;
        printf(" Please input operator:\n" ) ;
    scanf(" %c" ,&oper) ;
        printf(" Please input the two operands:\n" ) ;
    scanf(" %lf,%lf" ,&data1 ,&data2) ;
    switch( oper)
        {
        case' +':
            printf(" %. 2lf + %. 2lf = %. 2lf \n" ,data1 ,data2 ,data1 + data2) ;
            break ;
        case ' -':
            printf(" %. 2lf - %. 2lf = %. 2lf \n" ,data1 ,data2 ,data1 - data2) ;
            break ;
        case ' *':
            printf(" %. 2lf * %. 2lf = %. 2lf \n" ,data1 ,data2 ,data1 * data2) ;
            break ;
        case '/':
            if( data2 == 0)
            {
                printf(" Divisor is zero, meaningless operations \n" ) ;
                break ;
            }
            else
            {
                printf(" %. 2lf/%. 2lf = %. 2lf \n" ,data1 ,data2 ,data1/data2) ;
                break ;
            }
        default:printf(" Operator invalid \n" );break ;
```

```
        }
    }
```

运行结果：

－－－－－－－－－Simple calculator－－－－－－－－－

Please input operator：

+↙

Please input the two operands：

12.0,13.0↙

12.00 + 13.00 = 25.00

本章小结

C语言的选择结构主要由 if 和 switch 两种语句实现。选择结构是判断条件，根据条件的结果选择相应的分支执行。其中，if 语句的典型应用，主要有四种：简单 if 语句形式，也称单分支选择结构；标准 if 语句形式，即 if...else 语句形式，也称双分支选择结构；嵌套 if 语句形式；多分支 if 语句形式，即 if...else if 语句形式。对于嵌套 if 语句和多分支 if 语句，要弄清楚 if 和 else 的配对关系。switch 语句是一种书写形式更加规范的一种多分支选择结构，一般要和 break 语句配合使用。最后，通过几个具体工作情景中的实例，提高读者对选择结构的使用技巧。

项目实训四

1. 实训目标

(1)掌握半分支 if 语句的使用方法。

(2)掌握双分支 if 语句的使用方法。

(3)掌握多分支 if 语句的使用方法。

(4)掌握 if 语句的嵌套形式,以及 if 与 else 的配对关系。

(5)掌握 switch 语句的使用方法,以及 break 语句的使用。

2. 实训内容

题目1　写出程序的运行结果。

```c
#include <stdio.h>
void main()
{
    int a=10,b=4,c=3;
    if(a<b) a=b;
    if(a<c) a=c;
    printf("a=%d,b=%d,c=%d\n",a,b,c);
}
```

题目2　写出程序的运行结果。

```c
#include <stdio.h>
void main()
{
    int x=100,a=10,b=20,m=5,n=0;
    if(a<b)
        if(b!=15)
            if(!m)x=1;
                else if(n)x=10;
                    else x=-1;
        printf("x=%d\n",x);
}
```

思考:if 与 else 的配对关系。

题目3　写出下面程序段的运行结果。

```c
Int a=1,s=0;
switch(a)
{
    case 1:s+=1;
    case 2:s+=2;
```

```
        default:s += 3;
    }
    printf(" %d\n" ,s);
```

思考:如果每个 case 语句后面都加上一个 break 语句,结果又是什么?

题目 4 写出程序的运行结果。

```
#include < stdio. h >
void main( )
{
    int m = 9 , y = 6;
    if('a') printf(" m = %d,n = %d\n" ,m ++ , -- y);
    else printf(" m = %d,n = %d\n" , ++ m,y -- );
}
```

思考:表达式判断真假的标准。

题目 5 如果从键盘输入 87,写出程序的运行结果。

```
#include < stdio. h >
void main( )
{
    int x;
    scanf(" %d" ,&x);
    if(x < 0)printf(" error\n" );
    else if(x < 60) printf(" no pass\n" );
    else if(x < 70) printf(" pass\n" );
    else if(x < 80) printf(" geod\n" );
    else if(x < 90) printf(" very good\n" );
    eise printf(" excellent\n" );
}
```

思考:能否使用 switch 语句实现?

练习与提高

1. 填空题

(1)当循环体中的 switch 语句内有 break 语句时,作用是_____。

(2)若有定义语句 int a = 25,b = 14,c = 19;以下语句的运行结果是_____。

```
if(a ++ <= 25 && b -- <= 2 && c ++ ) printf(" a = %d,b = %d,c = %d\n" ,a,b,c);
else printf(" a = %d,b = %d,c = %d\n" ,a,b,c);
```

(3)将以下两条 if 语句合并成一条 if 语句是_____。

```
if(a <= b) x = 1;
else y = 2;
```

```
    if(a > b) printf(" y = %d\n" ,y);
    else printf(" x = %d\n" ,x);
```

(4)下面程序的功能是输入一个正整数,判断是否能被 3 和 5 同时整除,如果能整除,输出 OK,否则输出 NO。请填空,使得程序能正确运行。

```
#include < stdio. h >
void main( )
{
    int x;
    scanf(" %d" ,&x);
    if(_____)prIntf(" OK\n" );
    else printf(" NO\n" );
}
```

2. 选择题

(1)以下 if 语句语法正确的是(　　)。

　A. if(x > o) printf(" %f" ,x)
　　　 else printf(" %f" , -- x);

　B. if(x > o) {x = x + y;printf(" %f" ,x);}
　　　 else printf(" %f" , -- x);

　C. if(x > o) {x = x + y;printf(" %f" ,x);};
　　　 else printf(" %f" , -- x);

　D. if(x > 0) {x = x + y;printf(" %f" ,x))
　　　 else printf(" %f" , -- x);

(2)有以下程序,则(　　)。

```
#include < stdio. h >
void main( )
{
    int a = 5,b = 0,c = 0;
    if(a = b + c) printf(" ###\n" );
    else printf(" $ $ $ \n" );
}
```

　A. 有语法错误不能通过编译
　B. 可以通过编译但不能通过连接
　C. 输出###
　D. 输出 $ $ $

(3)以下程序的运行结果是(　　)。

```
#include < stdio. h >
void main( )
{
    int m = 5;
    if(m ++ >5) printf(" %d\n" ,m);
    else printf(" %d\n" ,m -- );
}
```

　A. 4
　B. 5
　C. 6
　D. 7

(4)若 a = 4,b = 3,c = 2,d = 1,则执行完下面程序段后,x 的值是(　　)。

```
if(a < b)
    if(c < d) x = 1;
    else if(a < c)
    f(b < d) x = 2;
    else x = 3;
else x = 4;
```

A. 1　　　　　　　　　　　　　　　　B. 2

C. 3　　　　　　　　　　　　　　　　D. 4

(5)以下程序的运行结果是(　　)。

```
#include < stdio. h >
void main( )
{
    int a = 2,b = - 1,c = 2;
    if(a < b)
    if(b < 0) c = 0;
    else c + = l;
    printf(" %dkn" ,c);
}
```

A. 3　　　　　　　　　　　　　　　　B. 2

C. 1　　　　　　　　　　　　　　　　D. 0

(6)if 的嵌套语句形式中,if 与 else 的配对关系是 else 总是与(　　)配对。

A. 之后最近的 if　　　　　　　　　B. 同一行上的 if

C. 其之前最近的未曾配对的 if　　　　D. 缩近位置相同的 if

(7)以下不正确的语句是(　　)。

A. if(x > y);　　　　　　　　　　　B. if(x! y)scanf(" % d",x);

C. if(x = y)&&(x! = 0)x + = y;　　　D. if(x < y){x ++ ,y ++ ;}

(8)有以下程序,如果从键盘输入 2.0(回车),则运行结果是(　　)。

```
#include < stdio. h >
void main( )
{
    float a,b;
    scanf(" %f" ,&a);
    if(a < 10.0) b = 1:.0/a;
    else if((a < 0.5) && (a! = 2.0)) b = 1.0/(a + 2.0);
    else if(a < 10.0) b = 1.0/a;
    else b = 10.0;
    printf(" %f\n" ,b);
```

A. 0. 000000 　　　　　　　　　　　　B. 0. 500000

C. 1. 00000 　　　　　　　　　　　　　D. 0. 250000

3. 编程题

(1)编写一个程序,输入 x 的值,按下列公式计算并输出 y 的值。

$$y = \begin{cases} x & (x \leqslant 2) \\ 3x + 1 & (2 < x < 12) \\ 8x - 9 & (12 \leqslant x) \end{cases}$$

(2)编写程序,输入三个单精度实数,请把这三个数按照从小到大的顺序输出。

(3)输入一个 5 位数,判断它是不是回文数。即 12321 是回文数,个位与万位相同,十位与千位相同。

(4)企业根据利润提成发放奖金。

利润低于或者等于 5 万元时,奖金可提 10%;

利润在 5 万和 10 万(包括 10 万)之间时,低于 5 万的部分按 10%提成,高于 5 万的部分按 7.5%提成;

利润在 10 万和 20 万(包括 20 万)之间时,高于 10 万的部分按 5%提成;

利润在 20 万和 40 万(包括 40 万)之间时,高于 20 万的部分按 3%提成;

利润在 40 万和 60 万(包括 60 万)之间时,高于 40 万的部分按 1.5%提成;

高于 60 万时,可提成 1%。

从键盘输入当月利润,算出发放的奖金总数。

(5)输入某年某月某日,判断这一天是这一年的第几天?

(6)编写一个程序,输入一个日期,输出对应的星座。以下是星座表:

01 月 20 日~02 月 18 日水瓶座,02 月 19 日~03 月 20 日双鱼座,

03 月 21 日~04 月 19 日白羊座,04 月 20 日~05 月 20 日金牛座,

05 月 21 日~06 月 21 日双子座,06 月 22 日~07 月 22 日巨蟹座,

07 月 23 日~08 月 22 日狮子座,08 月 23 日~09 月 22 日处女座,

09 月 23 日~10 月 23 日天秤座,10 月 24 日~11 月 22 日天蝎座,

11 月 23 日~12 月 21 日射手座,12 月 22 日~01 月 19 日摩羯座。

第5章 循环结构程序设计

循环结构主要用来描述在指定的条件下重复执行某些操作的情形。这里的指定条件被称为循环条件,通常用关系表达式或逻辑表达式表示,而重复执行的操作被称为循环体。C语言提供了三种常用的循环结构的语句。即:while 语句、do while 语句和 for 语句。这三种循环语句将以不同的方式组织循环条件和循环体,以满足各种循环处理的需求。本章主要介绍循环结构及其在程序中的应用,介绍与循环结构相关的常用 C 语句。使学生掌握三种常用的循环结构语句;掌握 break 语句和 continue 语句的使用情境和方式;初步了解循环嵌套的使用。

例如,如何使用 C 程序简便快捷地计算 $\sum\limits_{n=1}^{100} n$ 的值?

在程序设计中会碰到许多问题需要用到循环结构。例如,求若干个数的和、求学生成绩的和、求最大公约数等。要想解决以上问题必须要熟练掌握循环结构的概念及使用,首先来认识一下什么是循环结构。

5.1 任务1 认识循环结构程序设计

循环结构是结构化程序设计的三种基本结构之一,是各种复杂程序的基本构造单元。其特征是当条件成立时,执行循环体的代码,当条件不成立时,跳出循环,执行循环结构后面的代码。循环结构可以减少源程序重复书写的工作量,用来描述重复执行某段算法的问题,这是程序设计中最能发挥计算机特长的程序结构。因此,熟练掌握循环结构的概念和使用,是程序设计的基本要求。

[例 5.1]计算了 $\sum\limits_{n=1}^{100} n$ 的值,将结果保存到变量 sum 中。

根据前几章所学的知识,可以用 sum = 1 + 2 + 3 + … + 100 来计算,但是这么做显然很烦琐。现在换个方法来思考,设置一个变量 i,不断地改变 i 的值,分别让它取值 1、2、3、…、100。如果设 sum 的初值为 0,那么计算公式就可以变成 sum = sum + i,重复 100 次,每一次 i 的值加 1。即只要做如下三步即可解决问题:

(1)sum = 0;i = 1;(给 sum、i 赋初始值)

(2)$\left.\begin{array}{l} \text{sum = sum + i;} \\ \text{i ++ ;} \end{array}\right\}$重复执行

(3)i = 101;程序结束

经过以上三步,此时 sum 中的值就是 $\sum\limits_{n=1}^{100} n$ 的值。

根据已有的知识,实现上面三步很容易,但是第二步重复执行部分需要使用循环结构,这就需要学习 C 语言提供的循环语句。

5.2 任务 2 while 和 do…while 语句的使用

5.2.1 while 语句

while 语句经常用来处理"当型"循环,即先判断循环条件是否成立,成立则执行循环语句,不成立则跳出循环。其定义形式如下:

> while(表达式)
> {循环语句块}

当表达式的值为真或非 0 时,执行循环语句块,如果为假或 0 则跳出循环执行 while 语句后的 C 语句。其流程图如图 5 - 1 所示。

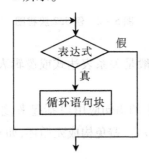

图 5 - 1 while 语句流程图

[例 5.2]用 while 语句求出 k + kk + kkk + kkkk + k…k 的值,其中 k 是 1~9 中任意一个指定数,多少个数字相加由键盘输入。

本算法的流程图如图 5 - 2 所示,根据流程图编写程序如下:

```
/ * example5 - 2 * /
#include " stdio. h"
main( )
{
    int k,n, i = 0;
    long sum = 0,c = 0;
    printf(" please input k and n" );
    scanf(" %d,%d" ,&k,&n);
    while( i < = n)
    {
        sum = sum + c;
        c = c * 10 + k;
```

```
        i++;
    }
    printf(" %ld" ,sum);
}
```

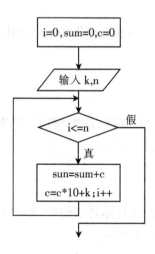

图 5 - 2　例 5.2 流程图

注意：

（1）while 语句中的表达式一般是关系表达式或逻辑表达式,只要表达式的值为真或非零即可执行。

（2）循环体内如果有一条以上的语句应用{}括起来,组成复合语句。

（3）一定要注意循环条件的设定,避免构成死循环,如 while(1)。

5.2.2　直到型循环 do...while 语句

do...while 语句经常用来处理"直到型"循环,其定义的形式如下：

```
    do
        循环语句块
    while(表达式);
```

其中,语句块是循环体,表达式是循环条件。

do...while 语句的特点：先执行循环语句块一次,再判别表达式的值,若为真(非 0)则继续循环,否则终止循环;其流程图如图 5 - 3 所示。

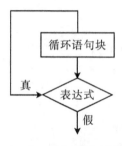

图 5 - 3　do...while 语句流程图

[**例** 5.3]一球从 100m 高度自由落下,每次落地后反跳回原高度的一半;再落下,求它在第 5 次落地时,共经过多少米? 第 5 次反弹高度是多少?

本算法流程图如图 5 - 4 所示,根据流程图编写程序如下:

```c
/ * example5 - 3 * /
#include " stdio. h"
main( )
{
    float road = 100, high = road/2;
    int n = 1;
    do
    {
        road = road + 2 * high;
        high = high/2;
        n ++ ;
    }
    while( n < 5);
    printf(" the long is %f \n", road);
    printf(" the high is %f meter \n", high);
}
```

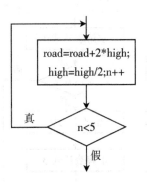

图 5 - 4　例 5.3 流程图

注意:

(1)在 for 语句或 while 语句中,表达式的括号后面都不能加分号,而在 do…while 语句的表达式后必须加分号。

(2)在 do 和 while 之间的循环体由多个语句组成时,也必须用｛｝括起来组成复合语句。

(3)用 while 语句和 do…while 语句处理同一个问题时,若两者的循环体语句是一样的,他们的结果也应该是一样的。但如果判断表达式的值一开始就是 0 或假,两者的结果不一样,因为 do…while 语句至少要执行一次循环体。因此 do…while 语句和 while 语句相互替换时,要注意修改循环控制条件。

(4)do…while 语句也可以组成多重循环,而且也可以和 while 语句相互嵌套。

5.3 任务 3 for 语句的使用

在 C 语言中,for 语句的循环功能十分强大,使用也最为灵活,可以完成各种循环。for 语句的一般表达形式如下:

for(表达式 1;表达式 2;表达式 3)

{循环语句块}

其中,for 是关键字,表达式 1 是循环初始条件,用于给循环变量等赋初始值,赋值表达式可以是多个,表达式之间用逗号隔开。表达式 2 是循环条件,用于控制什么时候跳出 for 循环。表达式 3 是循环变量修改表达式,用于修改循环变量的值。循环语句块是当表达式 2 成立时执行的语句组,如果执行语句只有一条,大括号可以省略。

for 语句的执行过程如下:

(1)求解表达式 1 的值。

(2)求解表达式 2 的值,如果值为真或非 0,则执行循环语句块,然后执行下一步。反之,表达式 2 的值为假或 0 时,则结束 for 循环,跳转到第(4)步。

(3)求解表达式 3 的值。跳转到第(2)步继续执行。

(4)for 循环结束,执行 for 语句后的程序。

for 语句的流程图可以用图 5 – 5 来表示。

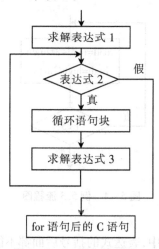

图 5 – 5 for 语句流程图

for 语句也可以描述为如下形式:

for(初始赋值语句;循环条件;循环变量修改)

{循环语句块}

[例 5.4]用 for 语句求 $\sum_{n=1}^{100} n$。

流程图如图 5 – 6 所示,根据流程图可写出如下程序:

```
/* example5 – 4 */
```

```
#include " stdio. h"
main( )
{
    int i,sum = 0;
    for( i = 1;i < = 100;i ++ )
    sum = sum + i;
    printf(" %d",sum);
}
```

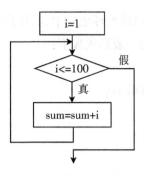

图 5 - 6　例 5.4 流程图

注意:

(1)如果循环变量的初值在 for 语句之前已经被赋值,for 语句表达式中的表达式 1 可以省略。

(2)如果不需要判断循环条件,即要无条件执行 for 循环,for 语句表达式中的表达式 2 可以省略。此时,循环将无限执行下去,不推荐读者将表达式 2 省略,因为容易构成死循环。

(3)如果将循环变量的修改表达式放入循环体内,for 语句表达式中的表达式 3 可以省略。例如:

```
for( i = 1;i < = 100;)
{
    sum = sum + i;
    1 ++ ;
}
```

(4)for 语句表达式中的表达式 1 和表达式 3 可以同时省略。

(5)for 语句表达式中的所有表达式可以同时省略。例如:

for(;;)语句

此时语句构成一个死循环。不进行初值设定,不判断循环条件,不修改循环变量。

(6)不管省略 for 语句表达式中的哪个表达式,分号不能省略。

(7)表达式 2 不一定是关系表达式,可以是任意类型的值,如果值非 0 则执行循环语句,为 0 则跳出循环。如在屏幕上输出 54321 五个数可写为如下程序:

```
#include" stdio. h"
main( )
```

```
{
    int i,num = 5;
    for(i = 0;num = num - i;)
    printf(" %d",num);
}
```

5.4 任务4 break 语句和 continue 语句

break 语句只能用于 switch 语句或循环语句中,其作用是跳出 switch 语句或跳出当前循环,执行后面的语句。break 语句的一般形式如下:

```
break;
```

[例 5.5]判断下面程序的运行结果。

```
/ * example5 - 5 * /
#include " stdio. h"
main( )
{
    int i;
    for(i = 1;i < = 100;i ++ )
    {
        printf(" %d",i);
        if(i == 8)break;
    }
}
```

如果没有 break 那行语句,本例是在屏幕上逐一输出 1 ~ 100 的各个数。由于有了 break 语句,当 i 变为 8 时,跳出了 for 语句,因此本程序运行结果如下:

```
1234567
```

continue 语句只能用于循环语句中,其作用是结束本次循环,即不再执行 continue 后的语句,转而进行下一次循环条件的判断与执行。continue 语句的一般形式如下:

```
continue;
```

[例 5.6]输出 100 以内能被 9 整除的数。

```
/ * example5 - 6 * /
#include " stdio. h"
main( )
{
    int i;
    for(i = 1;i < = 100;i ++ )
    {
        if(i%9! = 0)
```

```
            continue;
            printf(" %d",i);
        }
    }
```

注意:

(1)continue 语句只结束本次循环,而不是终止整个循环的执行;break 语句则是终止整个循环。

(2)循环嵌套时,break 和 continue 只影响包含它们的最内层循环,与外层循环无关。

5.5　任务 5　循环嵌套的使用

在解决问题的时候往往会发现使用一个循环语句是不够的,需要在循环语句中再加入一个或多个循环语句才能解决问题。这种一个循环体内又包含另一个循环结构,称为循环的嵌套。如果内嵌的循环体内又包含了循环,称为多层循环。

刚刚讲过的 for、while 和 do…while 三种循环语句都可以相互嵌套,嵌套的常见形式有如下几种:

```
(1)                (2)                (3)
 while( )           while( )           do
 { …               { …               { …
   while( )           do                 do
   {…}               {…}               {…}
 }                    while( );          while( );
                    }                  } whilc( );
(4)                (5)                (6)
 for( ;;)           for( ;;)           do
 { …               { …               { …
   while( )           for( ;;)           for( ;;)
   {…}               {…}               {…}
 }                  }                  } while( );
```

[例 5.7]输出一个任意行的三角形,每行个数分别为 1、3、5、7、9、…

```
*
* * *
* * * * *
…
```

流程图如图 5 - 7 所示,根据流程图编写程序如下:

```
/ * example5 - 7 * /
#include " stdio. h"
```

```
main( )
{
    int i,j,n;
    printf(" please input a number!" );
    scanf(" %d" ,&n) ;
    for(i = 0;i < n;i ++ )
    {
for(j = 1;j < = 2 * i + 1;j ++ )
        printf(" * " );
        printf(" \n" );
    }
}
```

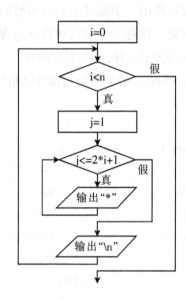

图 5 - 7   例 5.7 流程图

5.6   任务 6   循环结构程序设计举例

工作情境一   找最大公约数和最小公倍数

[例 5.8]从键盘上输入两个数,求出两个数的最大公约数和最小公倍数。

分析:求最大公约数可用辗转相除法,最小公倍数是两数的乘积除以最大公约数。流程图如图 5 -8 所示。具体程序如下:

```
/ * example5 -8 * /
#include " stdio. h"
main( )
{
```

```
int a,b,i,j,temp;
printf(" please input two numbers:\n" );
scanf(" %d,%d" ,&a,&b);
if(a < b)
    {
        temp = a;
        a = b;
        b = temp;
    }
i = a * b;
while(b!  =0)
    {
        j = a%b;
        a = b;
        b = j;
    }
printf(" 最大公约数为:%d \n" ,a);
printf(" 最小公倍数为:%d \n" ,i/a);
}
```

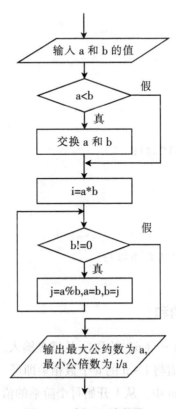

图 5 - 8　例 5.8 流程图

工作情境二　求素数

[例 5.9]从键盘上输入两个数,在屏幕上输出这两个数之间的所有素数,并统计素数的个数,例如输入 100 和 200,则求出 100~200 之间所有的素数。

分析:素数就是只能被 1 和它自身整除的数,所以判断 n 是否为素数,可以将 2 到 sqrt(n)之间的所有整数一一进行运算:如果 n 能被其中的某数整除就不是素数,否则就是素数。具体程序如下:

```
/ * example5 - 9 * /
#include " math. h"
main( )
{
    int a,b,i,k,total = 0,leap = 1;
    printf(" please input two numbers:\n" );
    scanf(" %d,%d" ,&a,&b);
    for(;a < = b;a ++ )
    {
        k = sqrt(a + 1);
        for(i = 2;i < = k;i ++ )
        if(a%i == 0)
        {
            leap = 0;
            break;
        }
        if(leap)
        {
            printf(" %d \t" ,a);
            total ++ ;
        }
        leap = 1;
    }
    printf(" \nThe total is %d" ,total);
}
```

工作情境三　求阶乘的和

[例 5.10]求 1! + 2! + 3! + … + n! 的和,n 从键盘输入。

分析:求 n! 比较好求,只需将 1~n 的 n 个数相乘即可。注意到求 n! 是(n - 1)! * n,所以可以保留(n - 1)! 的值到 sum 中。从 1 开始每个阶乘的值都保留到 sum,最后 sum 的值就是所要的阶乘的和。

```
/ * example5 - 10 * /
main( )
{
    float s = 0,t = 1;
    int i,n;
    printf(" please input a numbers:\n" );
    scanf(" %d" ,&n);
    for(i = 1;i < = n;i ++ )
    {
        t * = i;
        s + = t;
    }
    printf("1 + 2! + 3!... + %d! = %e \n" ,n,s);
}
```

本章小结

　　C 语言提供了三种循环控制语句:for 语句、while 语句和 do...while 语句。for 语句主要用于给定循环变量初值、步长增量以及循环次数的循环结构;循环次数及控制条件要在循环过程中才能确定的循环可用 while,或 do...while 语句;三种循环语句可以相互嵌套组成多重循环。循环之间可以并列但不能交叉;可用控制语句 break 退出循环,或用 continue 结束当前循环。在循环程序中应避免出现死循环,即应保证循环变量的值在运行过程中可以得到修改,并使循环条件逐步变为假或 0,从而结束循环。

项目实训五

1. 实训目标

（1）掌握 while、for 和 do…while 语句的使用方法。

（2）掌握循环嵌套的使用方法。

（3）掌握 C 语言中用循环的方法实现常用算法。

（4）掌握 break 语句的使用方法。

（5）进一步熟悉 C 程序的编辑、编译、连接和运行的过程。

2. 实训内容

题目 1　写出程序的运行结果。

```
main( )
{
    int i = 1,j = 1:;
    while(1)
    {
        if(i == 100) break;
        i ++ ;
        continue;
        j ++ ;
    }
    printf(" i = %d,j = %d" ,i,j);
}
```

题目 2　写出程序的运行结果。

```
main( )
{
    int i,j,x = 0;
    for(i = 1;i < 2;i ++ )
    {
        x ++ ;
        for(j = 0;j < =3;j ++ )
        {
            if(j%2)
            break;
            x ++ ;
        }
    }
}
```

题目 3　编写程序在屏幕上输出如下图形。

　　　*
　　* * *
　* * * * *

题目 4　打印出所有的"水仙花数",所谓"水仙花数"是指一个三位数,其各位数字立方和等于该三位数本身。例如,153 是一个"水仙花数",因为 $153 = 1^3 + 5^3 + 3^3$

题目 5　有一对兔子,从出生后第 3 个月起每个月都生一对兔子,小兔子长到第三个月后每个月又生一对兔子,假如兔子都不死,问每个月兔子的总数分别是多少?(提示:兔子前几个月的数量依次为:0,1,1,2,3,5,8,13,21,34,55,89…,称这个数列为斐波那契数列。它具有如下规律 $f(0) = 0, f(1) = 1, f(n) = f(n-1) + f(n-2)$)

练习与提高

1. 选择题

(1)在 C 语言中要结束本次循环,进行下一次循环判断,应该使用的语句是(　　)。

A. while　　　　　　　　B. break

C. continue　　　　　　　D. for

(2)设 i 和 k 都是 int 类型,for(i = 0, k = -1; k = 1; i ++, k ++)k = 0;则 for 循环语句(　　)。

A. 循环条件错误　　　　B. 一次也不执行

C. 无限执行　　　　　　D. 执行一次

(3)下面程序的运行结果是(　　)。

```
Main()
{
    int i = 0;
    while(i ++)
    printf(" %d",i);
    printf(" null");
}
```

A. 0　　　　　　　　　B. 1

C. null　　　　　　　　D. 运行出错

2. 程序设计题

(1)从键盘输入一行字符,分别统计出其中英文字母、空格、数字和其他字符的个数。

(2)打印出如下形状的数字。

1

12

123

1234

123

12

1

(3)用循环嵌套实现输出九九乘法表。

(4)输入两个正整数 m 和 n,求其最小公倍数。

第6章 函 数

　　任何一个结构化程序都可由顺序结构、选择结构和循环结构三种基本结构组成,为了利用这三种结构编写程序,通常需要采用自顶向下、逐步细化和模块化的程序设计方法。也就是说,要将一个大程序分解为一些规模较小的、功能较简单的、更易于建立和修改的部分(即模块),每个模块都完成特定的功能。在 C 语言中,模块是通过函数来实现的,每个函数完成自己特定的数据处理任务。为了提高程序设计的质量和效率,C 系统提供了大量的标准函数,供用户使用。根据实际需要,用户也可以自己定义一些函数来完成特定的功能。本章主要介绍函数在程序中的应用,重点介绍了 C 语言中函数的定义与调用,介绍了函数参数的传递方式,详细介绍了变量的作用域、生存期和存储类型以及函数的应用。通过学习本章内容,读者应了解 C 语言中函数的特点和功能,理解自定义函数与主函数之间的分工合作关系:掌握函数的定义,能熟练使用函数完成程序设计:掌握变量的作用域、生存期和存储类型。

　　例如,假设要开发一个应用软件,该如何分工合作才能高效且成功的完成任务呢?

　　人们在求解一个复杂问题时,通常采用逐步分解、分而治之的方法,也就是把一个复杂的大问题分解成若干个比较容易求解的小问题,然后分别求解:程序员在设计一个复杂的应用程序时,往往也是把整个程序划分成若干功能较为单一的程序模块,然后分别实现,最后把所有的功能模块组合在一起,这种策略称为模块化程序设计方法。在 C 语言中,函数是程序设计的功能模块。

6.1　任务1　认识函数

6.1.1　函数的概念

　　在 C 语言中,函数是程序的基本组成单位,因此函数作为程序设计的模块来实现 C 语言程序。C 语言不仅提供了丰富的库函数,还允许用户建立自己定义的函数。用户可以把自己的算法编成相对独立的函数模块,然后用调用的方法来使用函数。可以说 C 程序的全部工作都是由各式各样的函数完成的,所以也把 C 语言称为函数语言。

　　利用函数,不仅可以实现程序的模块化,使程序设计简单、直观,提高程序的编写效率、易读性、可维护性,而且还可以减少编写程序时的重复劳动。例如,如果在同一程序中多处需要使用同一功能,这时不需要编写相同的代码,只要根据需要多次调用函数即可。

6.1.2　函数的分类

(1)从函数定义的角度看,函数可分为库函数和用户自定义函数。

为了方便用户,C 系统提供了大量函数,这就是库函数,用户使用这些函数时,只需在程序前说明该函数原型的头文件即可。如前面例题中用到的 printf( )、scanf( )函数属于库函数中的输入/输出函数,strcpy( )函数属于字符串函数,sqrt( )函数属于数学函数等。常用库函数可参见本教材附录。

自定义函数是用户根据实际需要编写的函数。此时,用户不仅要在程序中定义函数本身,而且在主调函数模块中还必须对该被调函数进行类型说明,然后才能使用。

(2)从调用关系看,函数分为主调函数和被调函数:

函数之间允许相互调用,如在一个函数中调用另一个函数,则把调用者称为主调函数,被调用者称为被调函数。函数还可以自己调用自己,则这个函数既是主调函数,又是被调函数。

(3)从函数返回值角度看,函数分为有返回值函数和无返回值函数。

某些函数被调用执行完后向调用者返回一个执行结果,这些函数就是有返回值函数。

某些函数被调用执行完成后不向调用者返回执行结果,这些函数就是无返回值函数。

(4)从主调函数和被调函数之间数据传送的角度看,函数分为无参函数和有参函数。

无参函数在函数定义、函数说明及函数调用中均不带参数。也就是说,主调函数和被调函数之间不进行参数传送。此类函数通常用来完成一组指定的功能。

有参函数在函数定义、函数说明时都有参数,此参数称为形式参数(简称为形参)。在函数调用时也必须给出参数,此参数称为实际参数(简称为实参)。进行函数调用时,主调函数将把实参的值传送给形参,供被调函数使用。

注意:

在 C 语言中,所有的自定义函数,包括主函数 main 在内,都是平行的。也就是说,在一个函数的函数体内,不能再定义另一个函数,即不能嵌套定义。但是函数之间允许相互调用,即嵌套调用,也允许自己调用自己,即递归调用。

main 函数是主函数,它可以调用其他函数,而不允许被其他函数调用。C 程序的执行总是从 main 函数开始,完成对其他函数的调用后再返回到 main 函数,最后由 main 函数结束整个程序。一个 C 源程序有且只有一个主函数。

6.2　任务2　掌握函数的定义与调用

函数定义的一般形式是:

　　类型标识符函数名([形式参数1,形式参数2,…])

　　{

　　声明部分

　　语句
　｝

本节将结合函数有无参数和有无返回值,分别介绍函数的定义和调用。

6.2.1　无参数无返回值的函数

1.无参数无返回值的函数定义的形式

　　void 函数名( )
　　｛
　　　　声明部分
　　　　语句
　　｝

　　其中:"void 函数名( )"称为函数首部。void 指明了本函数的类型,也就是函数返回值的类型为空类型,即无返回值:函数名是由用户定义的标识符,函数名后有一个括号,括号为空表示该函数无参数。｛｝中的内容称为函数体,函数体中的声明部分,是对函数体内部所用到的变量的类型说明。语句则用于实现该函数的功能。
　　例如,自定义一个函数,把字符串"Welcome"输出到屏幕上。则函数定义如下:
　　void welcome( )
　　｛
　　　　printf(" Welcome\n");
　　｝
通过对该函数的调用实现其输出功能。

2.无参数无返回值的函数调用的形式
调用无参数无返回值的函数可通过函数语句方式调用,即:
　　函数名( );
如 printf(" % d" ,a);语句,scanf(" % d" ,&b);语句都是以函数语句方式调用函数。
[例 6.1]自定义函数,把字符串"Welcome"输出到屏幕上。编写程序如下:

```
/ ∗ example6 – 1 ∗ /
#include < stdio. h >
void welcome( )
{
    printf (" Welcome \n" );
}
void main( )
{
    welcome( );
}
```

运行结果:
　　Welcome

分析:此例中,主调函数是 main 函数,被调函数是 welcome 函数。被调函数 welcome 函数的定义放在了主调函数 main 之前。

6.2.2 无参数有返回值的函数

1. 无参数有返回值的函数定义的形式

```
类型标识符函数名( )
{
    声明部分
    语句
    return 语句
}
```

其中,函数首部中,类型标识符由函数返回值的类型确定。因为函数有返回值,所以在函数体中加入 return 语句,用来向主调函数返回执行结果。

例如,自定义一个函数,求 45 +37 的和,并将和返回主函数。经分析,返回的和为整型数据,故类型标识符用 int,则函数定义如下:

```
int sum( )
{
    int a =45,b =37,y;
    y = a + b;
    return y;
}
```

sum 是自定义函数名,sum( )函数是一个无参数有返回值的函数,其功能是求和,然后用 return 语句将变量 y 的值 82 返回给主调函数。

2. 函数的返回值

函数的返回值也称函数的值,是指函数被调用之后,执行函数体中的程序段后返回给主调函数的值。如调用绝对值函数 abs(-9),函数会返回一个值9。

对函数返回值(或称函数值)有以下一些说明:

(1)函数返回值只能通过 return 语句返回主调函数。

return 语句的一般形式为:

```
return 表达式;
```

或者为:

```
return(表达式);
```

该语句的功能是计算表达式的值,并返回给主调函数。

在函数中允许有多个 return 语句,但每次调用函数只能有一个 return 语句被执行,因此只能返回一个函数值。

(2)函数返回值的类型和函数定义中函数的类型应保持一致。如果两者不一致,则以函数定义中函数值的类型为准,自动进行类型转换。

（3）如函数返回值为整型,在函数定义时可以省去类型说明。

3. 无参数有返回值的函数调用的形式

对有返回值的函数进行调用,一种是使用函数表达式方式调用,即函数出现在表达式中,该函数的返回值参与表达式的运算。例如:z = sum( )是一个赋值表达式,把 sum( )函数的返回值赋予变量 z。另一种是使用函数实参方式调用,即函数作为另一个函数调用的实际参数出现。例如:printf("% d",sum( ));即把 sum( )函数调用的返回值又作为 printf( )函数的实参来使用。

[**例** 6.2]定义 sum 函数,求 45 + 37 的和,并在主函数中输出和值。编写程序如下:

```
/ * example6 - 2 * /
#include < stdio. h >
int sum( )
{
    int a = 45,b = 37,y;
    y = a + b;
    return y;
}
void main( )
{
    printf( " 两数之和为%3d" ,sum( ));
}
```

运行结果:

　　两数之和为82

分析:此例中,主调函数是 main 函数,被调函数是 sum( )函数,调用 sum( )函数时使用函数实参方式,把 sum( )函数作为 printf( )函数调用的实际参数。被调函数 sum( )函数的定义放在了主调函数 main 函数之前。

6.2.3　带参数无返回值的函数

1. 带参数无返回值的函数定义的形式

```
void 函数名(形式参数 1,形式参数 2,…)
{
    声明部分
    语句
}
```

其中:函数首部的 void 指明了函数无返回值。函数名后的括号内列出了形参,形参可以是各种类型的变量,各参数之间用逗号间隔,且每个形参之前必须给小形参的类型说明。当进行函数调用时,主调函数将赋予这些形参实际的值。

例如,定义一个函数,用于输出两个数中的较大数,可写为:

```
void max(int a,int b)
```

```
    {
        if (a > b) printf("两个数中较大的数是:%d \n",a);
        else printf("两个数中较大的数是:%d \n",b);
    }
```

2. 有参数无返回值的函数调用的形式

调用有参数无返回值的函数也通过函数语句方式调用,即:

函数名(实际参数 1,实际参数 2,…);

[例 6.3]定义 max( )函数,输出两个数中的较大数,编写程序如下:

```
/ * example6 - 3 * /
#include < stdio. h >
void max(int a, int b)
{
    if (a > b) printf("两个数中较大的数是:%d \n", a);
    else printf("两个数中较大的数是:%d \n", b);
}
void main( )
{
    int x,y;
    printf("请输入第一个数:");
    scanf("%d", &x);
    printf("请输入第二个数:");
    scanf("%d", &y);
    max(x,y);
}
```

运行结果:

请输入第一个数:58↙
请输入第二个数:29↙
两个数中较大的数是:58

分析:此例中 max( )函数的形参 a、b 均为整型变量,a、b 的具体值是在主调函数调用 max( )函数时传送过来的,即执行语句 max(x,y);时,把变量 x 的值传递给 a,将变量 y 的值传递给 b。

6.2.4　带参数有返回值的函数

1. 带参数有返回值的函数定义的形式

类型标识符函数名(形式参数 1,形式参数 2,…)

```
    {
        声明部分
        语句
    }
```

```
            return 语句
    }
```

例如,定义一个函数,返回两个数中的较大数,可写为:

```
    int max1(int a,int b)
    {
        if(a > b) return a;
        else return b;
    }
```

函数 max1( )中,两个整型数据进行比较,故形参定义为 a 和 b,且分别用 int 指明其类型。该函数的功能为返回变量 a、b 中的较大值,故函数名前用 int 指明返回值类型为整型。

2.有参数有返回值的函数调用的形式

前面已经讲到,对有返回值的函数进行调用,一种是使用函数表达式调用,一种是使用函数实参调用。

[例 6.4]定义 max1 函数,返回两个数中的较大数,编写程序如下:

```
    /* example6 - 4 */
    #include < stdio. h >
    int max1(int a, int b)
    {
        if (a > b) return a;
        else return b;
    }
    void main( )
    {
        int x,y,max;
        printf("请输入第一个数:");
        scanf("%d",&x);
        printf("请输入第二个数:");
        scanf("%d",&y);
        max = max1(x,y);
        printf("两个数中较大的数是:%d \n",max);
    }
```

运行结果:

```
    请输入第一个数:58✓
    请输入第二个数:29✓
    两个数中较大的数是:58
```

分析:上例中,使用函数表达式调用 max1( )函数,max1( )函数的返回值赋给变量 max,再输出变量 max 的值。

如使用函数实参方式调用 max1 函数,上例主函数可改为

```
    void main( )
    {
        int x,y;
        printf("请输入第一个数:");
        scanf("%d",&x);
        printf("请输入第二个数:");
        scanf("%d",&y);
        printf("两个数中较大的数是:%d\n",max1(x/y));
    }
```

3. 对被调函数的声明

上面各例题源程序中,自定义函数都位于主函数之前,能不能把自定义函数放在主函数之后呢?

自定义函数可以放在主函数之前,也可以放在主函数之后,但放在主函数之后,则要求在主函数调用自定义函数之前对自定义函数进行声明。

C 语言程序由多个函数构成,函数之间可以相互调用,通常,当被调函数的定义在前,主调函数定义在后时,在主调函数中直接调用被调函数即可;当被调函数的定义在主调函数定义之后,主调函数调用被调函数之前应对被调函数进行声明,没有做声明就不能调用被调函数。

函数声明的一般形式是:

    类型标识符　被调函数(类型　形参,类型　形参,…);

或为:

    类型标识符　被调函数(类型,类型,…);

括号内给出形参的类型和形参名,或只给出形参类型。这便于编译系统进行检错,防止可能出现的错误。

例 6.4 中,如将 max1( )函数的定义放在主函数后,程序可改写为

```
    #include < stdio. h >
    void main( )
    {
        int max1(int a, int b)
        int x,y,max;
        printf("请输入第一个数:");
        scanf("%d",&x);
        printf("请输入第二个数:");
        scanf("%d",&y);
        max = max1(x,y);
        printf("两个数中较大的数是:%d \n",max);
    }
    int max1(int a, int b)
```

```
{
    if (a > b) return a;
    else return b;
}
```

其中,int max1(int a,int b);也可写为 int max1(int,int);。

注意:

函数的定义和声明是不同的。函数定义是对函数的确立,而函数声明只是对已定义函数进行说明,目的是使编译系统知道被调函数的返回值类型,以便在主函数中按此种类型对返回值进行相应处理。从程序中看,函数声明与函数定义中的函数首部相同,但是末尾要加分号。

在下列情况下,可以直接调用被调函数,而不必事先对其进行说明:

(1)如果函数的返回值数据类型是整型或字符型时,可以不对被调函数进行声明,而直接调用。这时系统将自动对被调函数返回值按整型处理,但是一般提倡对被调函数进行函数声明。

(2)如果被调函数的定义出现在主调函数定义之前,则编译系统已经知道被调函数的数据类型,会自动进行处理,可不必进行函数声明。

(3)如果在所有的函数调用之前,在函数的外部已经声明了该函数的原型,则在各主调函数中不必对被调函数进行声明。

(4)对库函数的调用不需要进行声明,但必须把该函数的头文件用 include 命令包含在源文件前面。

6.3 任务3 认识函数参数及其传递方式

6.3.1 形式参数和实际参数

前面已经介绍过,函数的参数分为形参和实参两种。形参出现在函数定义中,在本函数体内都可以使用,离开该函数则不能使用。实参出现在主调函数中,进入被调函数后,实参变量也不能使用。

C 语言允许实参和形参同名,但二者不能混淆,形参不能在主调函数中使用,实参不能在被调函数中使用。

6.3.2 实参和形参之间的传递

形参和实参的功能是数据传递。当调用函数时,主调函数把实参的值传递给被调函数的形参,实现主调函数向被调函数传送数据。

形参变量只有在被调用时才分配内存单元,在调用结束时,立即释放所分配的内存单元,函数调用结束返回主调函数后则不能再使用该形参变量。

实参可以是常量、变量、表达式、函数等,无论实参是何种数据类型,在进行函数调用时,它们都必须具有确定的值,以便把这些值传送给形参。

实参和形参在数量上、类型上、顺序上应严格一致,否则会发生不匹配的错误。

函数调用中发生的数据传送是单向的。即只能把实参的值传送给形参,而不能把形参的值反向传送给实参。因此在函数调用过程中,形参的值发生改变,不会影响实参的值。

如例6.4中,自定义函数max1的形参是a、b,主函数执行到语句max = max1(x,y);时,先要调用函数max1,给形参a和b分配内存单元,把实参x的值58传递给a,把实参y的值29传递给b,接着开始执行被调函数的函数体,在此期间,x和y不能使用。经判断a > b表达式成立,执行语句return a;把a的值58返回到主调函数的调用位置,即执行语句max = 58;,此时a、b释放所分配的内存单元,二者在主函数中不能使用,程序接着执行主函数的printf语句。

6.4 任务4 掌握函数的嵌套和递归调用

在C语言中,各函数之间是平行的,不存在上一级函数和下一级函数的问题。在一个函数的函数体内,不能再定义另一个函数,即不能嵌套定义。但是函数之间允许相互调用,即嵌套调用,也允许自己调用自己,即递归调用。

6.4.1 函数的嵌套调用

C语言允许在一个函数的定义中出现对另一个函数的调用,这就是函数的嵌套调用。即在被调函数中又调用其他函数。其关系表示如图6-1所示。

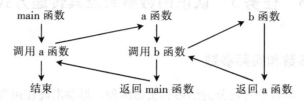

图6-1 函数嵌套调用示意图

该图表示了两层嵌套的情形。其执行过程是:从main函数开始执行,当执行到调用a函数的语句时,则转去执行a函数,当执行到a函数中调用b函数的语句时,又转去执行b函数,b函数执行完毕后返回a函数的断点继续执行,a函数执行完毕返回main函数的断点继续执行。

[例6.5]计算$s = 2^2! + 3^2!$

本题可编写两个函数,一个是用来计算平方值的函数f1,另一个是用来计算阶乘值的函数f2:主函数先调函数f1计算出平方值,再在函数f1中以平方值为实参,调用函数f2计算其阶乘值,然后返回函数f1,再返回主函数,在循环程序中计算累加和。

/ * example6 - 5 * /

```
#include < stdio. h >
long f1(int x)
{
    int m;
    long y;
    long f2(int);
    m = x * x;
    y = f2(m);
    return y;
}
long f2(int x)
{
    long y = 1;
    int i;
    for(i = 1;i < = x;i ++ )
        y = y * i;
    return y;
}
void main( )
{
    int i;
    long sum = 0;
    for (i = 2;i < = 3;i ++ )
        sum = sum + f1(i);
    printf(" s = %ld \n",sum);
}
```

运行结果:

    s = 362904

4 分析:程序中,先对函数 f1 进行定义,在函数 f1 中需调用函数 f2,但函数 f2 的定义在函数 f1 之后,故需要在函数 f1 中对函数 f2 进行声明。函数 f1 在主函数之前定义,故不必在主函数中对函数 f1 加以说明。在主函数中,执行循环语句依次把 i 值作为实参调用函数 f1 求的值,在函数 f1 中又把 i^2 的值作为实参去调用函数 f2,在函数 f2 中完成求 i^2! 的计算。函数 f2 执行完毕把 y 值(即 i^2!)返回给函数 f1,再由函数 f1 返回主函数实现累加。由于返回值数值较大,所以函数和一些变量的类型都定义为长整型。

6.4.2　函数的递归调用

一个函数在它的函数体内调用它自身称为递归调用,这种函数称为递归函数。在递归调用中,主调函数又是被调函数。执行递归函数将反复调用其自身,每调用一次就进入新的一层,直到满足返回条件再逐层返回。

[**例 6.6**]用递归法计算 $n!$。

分析:当 $n = 0$ 或 1 时,$n! = 1$;当 $n = 2$ 时,$n! = 2 \times l! = 2$;当 $n = 3$ 时,$n! = 3 \times 2! = 6$;……依此类推,可以得出,当 $n > 1$ 时,$n! = n(n-1)!$。所以用递归法定义函数 $f(n)$ 求 $n!$ 应满足以下公式:

$$f(n) = \begin{cases} 1 & (n = 0 \text{ 或 } n = 1) \\ f(n-1)n & (n > 1) \end{cases}$$

编程如下:

```
/ * example6 - 6 * /
#include < stdio. h >
long f(int n)
{
    long y;
    if( n ==0 || n ==1) y = 1;
    else y = f(n - 1) * n;
    return(y);
}
void main( )
{
    int n;
    long y;
    printf(" 此程序求 n! (n > =0),请输入 n 的值: ");
    scanf(" %d" ,&n);
    if( n <0) printf(" n <0,输入错误,程序结束。");
    else {y = f(n);
    printf(" %d! = %ld" ,n,y);}
}
```

运行结果:

```
此程序求 n! (n > =0),请输入 n 的值:5
5! =120
```

6.5 任务5 函数的综合应用举例

工作情境一 逆序输出数值

[**例6.7**]编写一个函数,把任意一个三位数 n 逆序后组成一个新数输出,即若 n 等于123,则组成并输出新数 321。

分析:假设输入 n 的值为 123,要构成新数,必须把百位、十位、个位的数字1、2、3 提取出来,然后应用表达式 $100 \times 3 + 10 \times 2 + 1 \times 1$ 构成新数。编写函数 ff,完成提取数字的功能。考虑需要提取 3 个数字,则调用 3 次函数,分别提取百位、十位、个位的数字。程序编写如下:

```
/ * example6 - 7 * /
#include < stdio. h >
int ff( int i,int x)
{
    int m,n,k;
    if( i == 1)                    / * 提取百位上的数 * /
    {
        m = x/100;
        return m;
    }
    else if( i == 2)               / * 提取十位上的数 * /
    {
        n = ( x%100)/10;
        return n;

        else                       / * 提取个位上的数 * /
        {
            k = x%10;
            return k;
        }
    }
}
void main( )
{
    int x,m,n,k,y;
    printf(" 请输入一个三位数:");
    scanf(" %d",&x);
    m = ff(1,x);
    n = ff(2,x);
    k = ff(3,x);
    y = k * 100 + n * 10 + m;
    printf(" 逆序组成的新数为%d \n",y);
}
```

运行结果:

请输入一个三位数:748↙

逆序组成的新数为 847

思考:若函数 ff 的功能为提取数字并构成新数,该程序应如何编写?

工作情境二　找因子

[例 6.8]编写函数,找出任意一个整数的全部因子。

分析:整数 n 的因子是 1~n 的范围内所有能整除 n 的整数。编写程序如下:

```
/ * example6 - 8 */
#include < stdio. h >
void kk( int n)
{
    int i;
    for( i = 1;i < = n;i ++)
        if( n%i == 0)
            printf(" %d 是%d 的因子\n",i,n);
}
void main( )
{
    int x;
    printf(" 请输入一个整数:");
    scanf(" %d",&x);
    kk( x);
}
```

运行结果:

```
请输入一个整数:10↙
1 是 10 的因子
2 是 10 的因子
5 是 10 的因子
10 是 10 的因子
```

工作情境三　Hanoi 塔问题

[例 6.9]Hanoi 塔问题。

这是一个古典的数学问题:一块板上有三根针 A、B、C。A 针上套有 64 个大小不等的圆盘,大的在下,小的在上。要把这 64 个圆盘从 A 针移动 C 针上,每次只能移动一个圆盘,移动可以借助 B 针进行。但在任何时候,仟何针上的圆盘都必须保持大盘在下,小盘在上。求移动的步骤。

本题算法分析如下:设 A 上有 n 个盘子。

如果 n = 1,则将圆盘从 A 直接移动到 C

如果 n = 2,则:

①将 A 上的 1 个圆盘移到 B 上。

②将 A 上的 1 个圆盘移到 C 上。

③将 B 上的 1 个圆盘移到 C 上。

如果 n = 3,则:

①将 A 上的 2 个圆盘移到 B(借助于 C),步骤与 n = 2 时的步骤类同。

②将 A 上的 1 个圆盘移到 C。

③将 B 上的 2 个圆盘移到 C(借助 A),步骤与 n = 2 时的步骤类同。

到此,完成了三个圆盘的移动过程。

从上面分析可以看出,当 n 大于等于 2 时,移动的过程可分解为三个步骤:

第一步:借助 C,把 A 上的 n – 1 个圆盘移到 B 上;

第二步:把 A 上的一个圆盘移到 C 上;

第三步:借助 A,把 B 上的 n – 1 个圆盘移到 C 上。

其中第一步和第三步是类同的。

显然这是一个递归过程,据此算法编程如下:

```
/* example6 - 9 */
#include < stdio. h >
void move(int n,char x,char y,char z)
    {
        if(n == 1)
        printf(" %c -- > %c \n" ,x,z);
        else
        {
            move(n - 1,x,z,y);
            printf(" %c -- > %c \n" ,x,z);
            move(n - 1,y,x,z);
        }
    }
void main( )
    {
        int n;
        printf(" 请输入 A 针上的盘子个数:");
        scanf(" %d" ,&n);
        printf(" 移动这%2d 个盘子的步骤是:\n" ,n);
        move(n,'a','b','c');/* n 个盘子从 A 针移到 C 针,借助 B 针 */
    }
```

运行结果:

请输入 A 针上的盘子个数:4↙

移动这 4 个盘子的步骤是:

a -- >b

a -- >c

b -- >c

a -- >b

c -- >a

c -- >b

a -- >b

a -- >c

b -- >c

b -- >a

c -- >a

b -- >c

a -- >b

a -- >c

b -- >c

从程序中可以看出,move 函数是一个递归函数,其功能是把 x 上的 n 个圆盘移动到 z 上。该函数有四个形参,n 表示圆盘数,x,y,z 分别表示三根针,其中,x 表示现在盘子所在的起始针,y 表示移动时借助的中间针,z 表示要把盘子移到的目标针。当 n == 1 时,直接把 x 上的圆盘移至 z 上,输出 x→z。如 n > l 则分为三步:递归调用 move 函数,借助 z 把 n − 1 个圆盘从 x 移到 y;输出 x→z(即把最下面的盘子移到针 C 上);递归调用 move 函数,借助 x 把 n − 1 个圆盘从 y 移到 z。在书写递归调用 move 函数的语句时,要对照形参 x、y、z 的不同表示,把实参对号入座。在递归调用过程中参数 n 在逐一递减,当调用到 n = 1 时,终止递归,逐层返回。

本章小结

本章主要介绍了以下内容:

(1)C 语言中,从不同角度分类,函数可分为库函数和自定义函数,有返回值的函数和无返回值的函数,有参函数和无参函数,内部函数和外部函数等。

(2)函数定义的一般形式是:[extern/static]类型说明符函数([形参表]){ },函数调用的一般形式是:函数([实参表]),函数说明的一般形式是[extern]类型说明符函数([形参表])。(方括号内为可选项)。

(3)函数的参数分为形参和实参两种,形参出现在函数定义中,实参出现在函数调用中,发生函数调用时,将把实参的值传送给形参。

(4)函数值也称函数的返回值,如果函数有返回值,需在函数中用 return 语句返回。

(5)C 语言中,不允许嵌套定义函数,但允许嵌套调用函数和递归调用函数。

项目实训六

1. 实训目标

(1)掌握函数定义、声明的格式。

(2)理解函数调用的过程,了解形参与实参的传递方式。

(3)掌握函数的嵌套调用和递归调用。

(4)熟练地编写函数,并正确使用函数完成程序设计。

2. 实训内容

题目1 写出程序的运行结果。

```c
#include " stdio. h"
int f( int a,int b) ;
void main( )
{
    int i = 3,p;
    p = f( i,i * 2) ;
    printf(" p = %d\n" ,p) ;
}
int f( int a,int b)
{
    int c;
    if( a > b)
        c = 1;
    else if( a == b)
        c = 0;
    else c = - 1;
    return( c) ;
}
```

思考:语句 p = f(i,i * 2);执行过程是怎样的?

题目2 写出程序的运行结果。

```c
#include " stdio. h"
f1( int x)
{
    switch( x)
    {
        case 0:
        case 1: return 1;
        default:return x * f1( x - 1) ;
```

```
        }
    }
    void main( )
    {
        int k;
        k = f1(5);
        printf(" k = %d" ,k);
    }
```

思考:函数 f1 的功能是什么?

题目3 写出程序的运行结果。

```
    #include " stdio. h"
    void main( )
    {
        int i = 1,j = 2;
        printf(" i = %2d\n" ,i);
        {
            int i = 0;
            i = j * 2 + 3;
            printf(" i = %2d,j = %2d\n" ,i,j);
        }
        printf(" i = %2d,j = %2d" ,i,j);
    }
```

思考:复合语句中的变量 i、j 与主函数的变量 i、j 是相同的量吗?

题目4 下列程序的输出是什么?

```
    #include " stdio. h"
    int f( int n) {
        if(n > 2) return f( n - 1) + f( n - 2) ;
        else return (1) ;
    }
    void main( )
    {
        printf(" %d\n" ,f(5));
    }
```

思考:函数 f 的功能是什么?

题目5 下列程序的输出是什么?

```
    #include " stdio. h"
    int t = 1;
    int fun( int p)
    {
```

```
            static int t = 5;
            t + = p;
            printf(" %d" ,t);
            return(t);
        }
    void main( )
        {
            int a = 3;
            printf(" %d\n" ,fun(a + fun(t)));
        }
```

思考:程序如何执行? 出现在多个位置的变量 t 是同一变量吗?

练习与提高

1. 填空题

(1)函数值又称为_____,如果函数有返回值,需要用_____语句返回。

(2)形式参数在函数_____时出现,实际参数在函数_____时出现,形参和实参之间的数据传递是_____传递。

(3)在调用函数的过程中调用另一个函数,称为_____调用。在调用函数的过程中调用函数本身,称为_____调用。

2. 选择题

(1)下面叙述中错误的是( )。

　A. 函数的定义不能嵌套,但函数调用可以嵌套

　B. 为了提高程序的可读性,编写程序时应该适当使用注释

　C. 变量定义时若省去了存储类型,系统将默认其为静态型变量

　D. C 语言中,在一个函数的函数体内,不能定义另一个函数

(2)以下描述正确的是( )。

　A. return 语句是函数中必不可少的语句

　B. 函数的 return 后面一定是变量

　C. 函数中不可以有多条 return 语句

　D. 函数返回值一定要通过 return 语句返回

(3)一个函数返回值的类型取决于( )。

　A. 定义函数时的函数类型　　　　　B. 调用该函数时临时指定

　C. 调用该函数的主调函数的类型　　D. return 语句中表达式的类型

(4)以下叙述中正确的是( )。

　A. 在一个函数内部的复合语句中定义的变量可以在本函数范围内有效

　B. 在函数外部定义的变量是外部变量

    C. 不同函数中使用相同名字的变量,代表的是相同的变量

    D. 寄存器变量是全局变量

3. 编程题

(1) 编写函数,返回三个数中的最大数。在主函数输入三个数,输出最大数。

(2) 编写函数,求 $f(x)$ 的值,当 $x > l$ 时,$f(x) = x^2 + x$,当 $x \leqslant 1$ 时,$f(x) = x + 5$,要求函数原型为 double fun(double x)。

(3) 编写函数,求 n!,要求函数原型为 long sum(int n)。主函数输入 n 的值($n < 15$),并输出 $1! + 2! + \cdots + n!$ 的值。

(4) 编写函数求两数之和,要求函数原型为 float sum(float x, float y)。主函数中输入三个数,调用函数后输出三个数之和。

第7章 数 组

程序处理的对象是各式各样的数据,选用一种合理、有效的方式将数据组织起来是编写一个高效率、高质量程序的必要前提。通常,在程序中操作的数据可以分成两种形式:一种是单一数据;另一种是批量数据。所谓单一数据是指用于描述一个事物或一个概念且相对独立的数据;而批量数据是指将若干个具有相同性质的数据组织在一起且共同参与某项操作的数据集合。在前面的章节中,我们已经论述了表示单一数据的各种基本数据类型。本章将主要介绍用于组织批量数据的数组类型,C语言构造类型中的数组及数组在程序中的应用,重点介绍了一维数组、二维数组、字符数组和字符串数组的相关操作。通过学习本章内容,读者可了解C语言中字符及字符串操作的常用函数;掌握一维数组、二维数组、字符数组的定义、引用和赋值;熟练掌握数组在程序设计中的应用。

例如,当用 a1,a2,a3,a4 四个整型变量来表示四个整数时,输出这些整数可以使用语句:

    printf("%d %d %d %d",a1,a2,a3,a4);

那么,当输出40个整数时,就需要引入40个变量,十分烦琐。C语言中如何解决这类问题呢? 在程序设计中,为了处理方便,把具有相同数据类型的若干变量按顺序组织起来。这些按序排列的具有相同数据类型的变量集合称为数组。在C语言中,数组属于构造数据类型。数组中的每个变量称为数组元素,这些数组元素既可以是基本类型,也可以是构造类型。如果按数组元素的类型分类,数组可以分为数值数组、字符数组、指针数组、结构数组等。如果按数组的下标个数分类,数组可分为一维数组、二维数组和多维数组。本章主要介绍一维数组和二维数组,其余内容将在后续章节介绍。

7.1 任务1 认识一维数组

7.1.1 一维数组的定义和引用

1.一维数组的定义

在C语言中,数组和变量相同,必须先定义,后使用。

一维数组的定义方式为:

    类型说明符 数组名[常量表达式];

其中,类型说明符说明了该数组中每个元素的数据类型。数组名是用户定义的数组的名称,应符合标识符的命名规则,一般不超过 11 个字符。方括号中的常量表达式应具有一个确定的值,这个值表示该数组所具有元素的个数,也就是规定了数组的长度。

例如:

```
int a[20];        /*定义整型数组 a,有 20 个整型元素*/
float b[20];      /*定义浮点型数组 b,有 20 个浮点型元素*/
char ch[20];      /*定义字符型数组 ch,有 20 个字符型元素*/
```

注意:

(1)类型说明符是指数组中元素的数据类型。对于同一个数组,其所有元素的数据类型都是相同的。

(2)数组名是该数组在存储区域的首地址,也就是该数组第一个元素的地址,是一个常量。

(3)C 语言规定,不允许对数组的大小进行动态定义,故不能在方括号中用变量表示元素的个数,但可以是符号常数或常量表达式,如 int m[5 + 2]。

(4)数组名不能与其他变量名相同。例如:

```
void main()
{
    int a;
    float a[10]
    …
}
```

是错误的。

2. 一维数组元素的引用

数组元素是组成数组的基本单元。每个数组元素就是一个变量,其标识方法为数组名后加下标,下标表示了元素在数组中的顺序号。一维数组元素的表示形式为:

数组名[下标]

例如:定义了一个数组:int a[5];则该数组为整型数组,数组名为 a,长度为 5,该数组共有 5 个数组元素,分别为 a[0],a[1],a[2],a[3],a[4]。

注意:

(1)下标表示数组元素在数组中的偏移量,数组元素的下标从 0 开始,最大为该数组长度减 1。

(2)C 语言中,由于系统不做下标越界检查,越界也不会报错,因此,程序中引用数组元素要注意不要越界。

(3)下标可以是常量、变量或表达式,但其值必须为整型,当为小数时,编译时将自动取整。

(4)在 C 语言中,对于数值数组,只能逐个地使用数组元素,而不能一次引用整个数组,故数组的使用通常与循环语句结合。

(5)对于被引用的数组元素,可以像普通变量一样进行其类型所允许的所有运算。

7.1.2 一维数组的赋值

1.用赋值语句给一维数组赋值

[例7.1]定义一个长度为10的整型数组,数组元素的值为其下标,输出该数组。

```
/* example7 -1 */
#include <stdio.h>
void main()
{
    int i,a[10];
    for(i =0;i <10;i ++)
        a[i] = i;
    for(i =0;i <10;i ++)
        printf("a[%d] =%d",i,a[i]);
}
```

运行结果:

a[0] =0 a[1] =1 a[2] =2 a[3] =3 a[4] =4 a[5] =5 a[6] =6 a[7] =7 a[8] =8 a[9] =9

分析:该例题中,数组元素是通过循环结构中的赋值语句被依次赋值的。

2.一维数组的初始化

给数组赋值的方法除了用赋值语句对数组元素逐个赋值外,还可采用初始化方法赋值。数组初始化是指在数组定义时给数组元素赋初值。一维数组初始化的一般形式为:

类型说明符 数组名[常量表达式] ={值,值,…,值};

其中,在{}中的各数据值即为各数组元素的初值,各值之间用逗号间隔。例如:

int a[10] ={0,1,2,3,4,5,6,7,8,9};

相当于 a[0] =0,a[1] =1,a[2] =2,a[3] =3,a[4] =4,a[5] =5,a[6] =6,a[7] =7,a[8] =8,a[9] =9

注意:

(1)可以只给部分元素赋初值。

当{}中值的个数少于元素个数时,只给前面部分元素赋值。例如:

int a[10] ={0,1,2,3};

表示只给 a[0]、a[1]、a[2]、a[3]这四个元素赋值,后六个元素自动赋0值。

(2)只能给元素逐个赋初值,不能给数组整体赋值。

例如,给10个元素全部赋1值,可写为:

int a[10] ={1,1,1,1,1,1,1,1,1,1};

而不能写为:int a[10] =1;

(3)如给全部元素赋初值,则在数组说明中,可以不给出数组元素的个数。例如:

int a[5] ={1,2,3,4,5};

可写为:

```
Int a[ ] = {1,2,3,4,5};
```

[**例** 7.2]初始化一个长度为 10 的整型数组,并输出该数组。

```
/ * example7 - 2 * /
#include < stdio. h >
void main( )
{
    int i,a[10] = {1,3,7,8,12,32,40,26,9,15};
    for(i = 0;i < 10;i ++ )
        printf("a[%d] = %d",i,a[i]);
}
```

运行结果:

```
a[0] = 1 a[ ] = 3 a[2] = 7 a[3] = 8 a[4] = 12 a[5] = 32 a[6] = 40 a[7] = 26
a[8] = 9 a[9] = 15
```

7.1.3 一维数组的应用举例

数组在程序设计中应用广泛,通常与循环语句配合使用。

[**例** 7.3]一维数组的输入和输出。输入一个数组长度为 5 的浮点型数组,请正序、逆序输出该数组。

```
/ * example7 - 3 * /
#include < stdio. h >
void main( )
{
    int i;
    float a[5];
    for(i = 0;i < 5;i ++ )
    {
        printf("请输入第%d 个数组元素",i + 1);
        scanf("%f",& a[i]);
    }
    printf("正序输出数组如下:\n");
    for(i = 0;i < 5;i ++ )
        printf("a[%d] = %.2f",i,a[i]);
    printf("\n 逆序输出数组如下:\n");
    for(i = 4;i > = 0;i -- )
        printf("a[%d] = %.2f",i,a[i]);
}
```

运行结果:

请输入第 1 个数组元素34.5↙

请输入第 2 个数组元素25↙

请输入第 3 个数组元素 9.6↙

请输入第 4 个数组元素 50↙

请输入第 5 个数组元素 15.6↙

正序输出数组如下:

a[0] = 34.50 a[1] = 25.00 a[2] =9.6D a[3] =50.0D a[4] =15.60

逆序输出数组如下:

a[4] = 15.60 a[3] = 50.00 a[2] =9.60 a[1] =2 5.00 a[0] =34.50

[例 7.4]用起泡法对 5 个数从小到大进行排序。

起泡法的思路是:把相邻的两个数进行比较,小的调在前面,大的调在后面。

分析:假设这 5 个数是 3,7,4,2,1,先比较 3 和 7,由于 3 <7,则两数的位置不变;接着比较 7 和 4,由于 7 >4,则 7 和 4 换位;接着比较 7 和 2,由于 7 >2,则 7 和 2 换位;接着比较 7 和 1,由于 7 >1,则 7 和 1 换位:经过第一轮的 4 次比较换位,这五个数的排列顺序为:3,4,2, 1,7,最大的数 7 放在了后面。同理,接着再对 3,4,2,1 进行排列,经过第二轮的 3 次比较换位,确定这四个数的排列顺序为 3,2,1,4,数字 4 放在了后面;接着再对 3,2,1 进行排列,经过第三轮的 2 次比较换位,确定这三个数的排列顺序为 2,1,3,数字 3 放在了后面。接着再对 2,1 进行排列,经过第四轮的 1 次比较换位,确定这两个数的排列顺序为 1,2,数字 2 放在了后面。这 5 个数经过四轮比较,每轮若干次的比较换位,最终确定其排列顺序为 1,2,3,4,7。

经分析,现定义数组 a[5]存放 5 个数,定义 i 存储比较的轮数,定义 j 存储每轮比较的次数,定义 t 作为中间变量,保证两数正确调换位置。程序如下:

```c
/ * example7 - 4 * /
#include < stdio. h >
void main( )
{
    int i,j,t,a[5];
    printf(" 请输入五个数:");
    for(i =0;i <5;i ++ )
        scanf(" %d" ,&a[i]);
    printf(" 输入的五个数依次为:");
    for(i =0;i <5;i ++ )
        printf(" %3d" , a[i]);
    printf(" \n" );
    for(i =1;i <5;i ++ )
        for(j =0;j <5 -i;j ++ )
        {
            if(a[j] >a[j +1])
            {
                t =a[j];
                a[j] =a[j +1];
```

```
                a[j+1] = t;
            }
        }
    printf("排序后五个数依次为:");
    for(i = 0;i < 5;i ++)
        printf(" %3d", a[i]);
}
```

运行结果：

请输入五个数:3 7 4 2 1↙

输入的五个数依次为:3 7 4 2 1

排序后五个数依次为:1 2 3 4 7

7.2 任务2 认识二维数组

7.2.1 二维数组的定义和引用

1.二维数组的定义

上一节介绍的数组只有一个下标,称为一维数组,在实际问题中有很多量是二维的或多维的。有两个下标的数组,称为二维数组,多于两个下标的数组称为多维数组。本节只介绍二维数组,多维数组可由二维数组类推得到。

二维数组定义的一般形式是:

类型说明符　数组名[常量表达式1][常量表达式2];

其中:常量表达式1表示第一维下标的长度,常量表达式2表示第二维下标的长度。

例如:int a[2][4];

该语句定义了一个数组名为 a 的两行四列的整型数组,数组的长度为8(即2×4),也就是说,该数组有8个数组元素,即:

a[0][0],a[0][1],a[0][2],a[0][3]

a[1][0],a[1][1],a[1][2],a[1][3]

二维数组在概念上是二维的,其下标在两个方向上变化,数组元素在数组中的位置也处于一个平面之中,而不是像一维数组只是一个向量。但是,实际的硬件存储器却是连续编址的,也就是说存储器单元是按一维线性排列的。在 C 语言中,二维数组是按行排列的,即放完一行之后顺序放入第二行。

数组 a[2][4]存储时,先存放 a[0]行,再存放 a[1]行。每行中的四个元素也是依次存放。由于数组 a 说明为 int 类型,每个数组元素均占用2字节,故占用连续的16字节。

2.二维数组元素的引用

二维数组元素的表示形式为:

数组名[下标1][下标2]

例如:数组元素 a[1][2] 表示 a 数组中行下标为 1,列下标为 2 的元素。

注意:

(1)二维数组元素的第一维、第二维下标都从 0 开始,最大分别为该数组定义时第一维下标长度减 1 和第二维下标长度减 1。

(2)二维数组元素的下标有两个,且均在变化,故二维数组的使用通常与循环嵌套语句相结合。

(3)二维数组可以看做是由一维数组嵌套构成的。若把一维数组的每个元素看做是一个一维数组,就构成了二维数组。当然,前提是各元素类型必须相同。如二维数组 a[2][3],可分解为两个一维数组,其数组名分别为:a[0] 和 a[1],这两个一维数组都有 3 个元素, a[0] 的元素为 a[0][0]、a[0][1]、a[0][2],a[1] 的元素为 a[1][0]、a[0][1]、a[0][2]。

7.2.2 二维数组的赋值

1.用赋值语句给二维数组赋值

[例 7.5]有一个 2 行 3 列的矩阵,请输入矩阵的各元素并输出该矩阵。

```
/ * example7 - 5 * /
#include < stdio. h >
void main( )
{
    int a[2][3] , i,j;
    for( i = 0;i < = 1;i ++ )
        for( j = 0;j < =2;j ++ )
        {
            printf("请输入矩阵第%d 行第%d 列的元素值:",i +1,j +1);
            scanf(" %d" ,&a[i][j]);
        }
    printf(" 该矩阵输出如下:\n" );
    for( i = 0;i < = 1;i ++ )
    {
        for( j = 0;j < =2;j ++ )
            printf(" %4d" , a[i][j]);
        printf(" \n" );
    }
}
```

运行结果:

请输入矩阵第 1 行第 1 列的元素值:1↙

请输入矩阵第 1 行第 2 列的元素值:2↙

请输入矩阵第 1 行第 3 列的元素值:3↙

请输入矩阵第 2 行第 1 列的元素值:4↙

请输入矩阵第 2 行第 2 列的元素值:5↙

请输入矩阵第 2 行第 3 列的元素值:6↙

该矩阵输出如下:

1 2 3

4 5 6

分析:数组 a[2][3]用于存储矩阵的各元素,i,j 两个变量分别用于存储数组元素的行下标和列下标。第一个双重循环用于给矩阵各元素赋值,由于每个元素所处的行号和列号均比其行下标和列下标大 1,故提示语句中出现的表达式是 i+1 和 j+1。第二个双重循环用于输出矩阵。

2. 二维数组的初始化

二维数组初始化就是在定义二维数组的同时给各数组元素赋初值。二维数组的初始化可以有以下几种方式:

(1)按行分段赋值:

例如:int a[2][3] = {{1,2,3},{4,5,6}};

(2)按行连续赋值。

例如:int a[2][3] = {1,2,3,4,5,6};

(3)可以只给部分元素赋初值,未赋初值的元素自动取 0 值。

如 int a[3][3] = {{3},{1},{3}};其各元素的值为:

    3 0 0

    1 0 0

    3 0 0

(4)若给全部元素赋初值,则第一维的长度可以不给出。

例如:int a[2][3] = {1,2,3,4,5,6};

可写为:int a[ ][3] = (1,2,3,4,5,6);

在前面例 7.5 中,如果矩阵元素已给定,就可以用初始化来取代用于赋值的程序段,然后直接输出矩阵即可。程序可修改为:

```
#include < stdio. h >
void main( )
{
    int a[2][3] = {1,2,3,4,5,6},i,j;
    printf(" 该矩阵输出如下:\n" );
    for(i =0;i < =1;i ++ )
    {
        for(j =0;j < =2;i ++ )
            printf(" %4d" ,a[i][j]);
        printf(" \n" );
    }
}
```

7.2.3 二维数组的应用举例

[**例** 7.6]编写程序,输出一个 4 × 4 矩阵,并计算该矩阵对角线元素之和。

分析:假设该矩阵如下。

```
1  2  3  4
3  4  5  6
4  5  6  7
6  7  8  9
```

则二维数组初始化,即 int a[4][4] = {{1,2,3,4},{3,4,5,6},{4,5,6,7},{6,7,8,9}};要计算矩阵对角线元素之和,即求 1 + 4 + 6 + 9 的值,而这四个数的数组元素分别表示为 a[0][0],a[1][1],a[2][2],a[3][3],对角线上的数组元素的行下标和列下标相同,故程序编写如下:

```c
/* example7 - 6 */
#include < stdio. h >
void main( )
{
    int a[4][4] = {{1,2,3,4},{3,4,5,6},{4,5,6,7},{6,7,8,9}};
    int i,j,sum = 0;
    printf(" 该矩阵为:\n" );
    for(i = 0;i < 4;i ++ )
    {
        for(j = 0;j < 4;j ++ )
            printf(" %4d" , a[i][j]);
        printf(" \n" );
    }
    for(i = 0;i < 4;i ++ )
        sum = sum + a[i][i];
    printf(" 该矩阵对角线和为:%d \n" ,sum);
}
```

运行结果:

```
该矩阵为:
1  2  3  4
3  4  5  6
4  5  6  7
6  7  8  9
该矩阵对角线和为:20
```

[**例** 7.7]编写程序,将一个 3 × 4 矩阵转置。

分析:假设该矩阵如下。

```
1   3   3   4
4   5   8   7
6   7   2   9
```

转置后为:

```
1   4   6
3   5   7
3   8   2
4   7   9
```

用二维数组 a[3][4] 存储原矩阵,用二维数组 b[4][3] 存储转置矩阵。经观察可知,新数组中元素的行下标和列下标分别对应旧数组中该元素的列下标和行下标,若用 i,j 分别表示旧数组元素的行列下标,则可列出表达式 b[j][i] = a[i][j],故程序编写如下:

```c
/* example7 -7 */
#include < stdio. h >
void main( )
{
    int a[3][4] = {{1,3,3,4},{4,5,8,7},{6,7,2,9}};
    int i,j,b[4][3];
    for(i =0;i <3;i ++ )
        for(j =0;j <4;j ++ )
            b[j][i] = a[i][j];
    printf(" 原矩阵为:\n" );
    for(i =0;i <3;i ++ )
    {
        for(j =0;j <4;j ++ )
            printf(" %3d" , a[i][j]);
        printf(" \n" );
    }
    printf(" 转置矩阵为:\n" );
    for(i =0;i <4;i ++ )
    {
        for(j =0;j <3;j ++ )
            printf(" %3d" , b[i][j]);
        printf(" \n" );
    }
}
```

运行结果:

原矩阵为:

```
1   3   3   4
4   5   8   7
```

6　7　2　9

逆矩阵为：

1　4　6

3　5　7

3　8　2

4　7　9

7.3　任务3　认识字符串与数组

7.3.1　字符串的本质

在 C 语言中没有专门的字符串变量，通常用字符数组来存放字符串。

字符数组用来存放字符类型的数据，每个字符数组元素占用一字节的内存单元，只能存放一个字符。如：char a[10],char a[2][3]

1.用字符串对数组作初始化赋值

字符数组可以利用循环语句赋值，也可以在定义时初始化赋值。

例如：char a[11] = {'I',' ','a','m',' ','a',' ','b','o','y','!'};

初始化时，初值个数应小于等于数组长度，否则按语法错误处理。当初值个数等于数组长度时，也可以省略长度说明。如果初值个数小于数组长度，则把初值赋给前面的数组元素，其余的元素自动定为空字符(即'\0')。

C 语言允许用字符串对数组作初始化赋值。

例如：char c[] = {"I am a boy!"};

可去掉{}写为：char c[] = "I am a boy!";

用字符串方式赋值比用字符逐个赋值要多占一字节，用于存放 C 编译系统自动加上的字符串结束标志'\0'，并以此作为该字符串结束的标志。用字符串赋初值时一般无须指定数组的长度，而由系统自行处理。

2.字符串的输入和输出

除了用字符串赋初值的办法外，还可用函数 scanf() 和 printf() 一次性输入和输出一个字符数组中的字符串，而不必使用循环语句逐个地输入输出每个字符。

[例 7.8]输入和输出字符串。

```
/* example7 - 8 */
#include < stdio. h >
void main()
{
    char a[20];
    printf("请输入一个字符串:");
    scanf("%s",a);
```

```
        printf("该字符串输出为:");
        printf("%s",a);
    }
```

运行结果:

    请输入一个字符串:abcdefghijk↙

    该字符串输出为:abcdefghijk

分析:由于定义数组长度为 20,因此输入的字符串长度必须小于 20,留出一字节用于存放字符串结束标志'\0'。在 scanf( )函数和 printf( )函数中,使用的格式说明为"%s",表示输入和输出的是一个字符串。数组名 a 是该数组在存储区域的首地址,故输入输出函数中输入输出项用 a 表示即可。

注意:

在 scanf( )函数中用%s 的格式说明输入字符串时,字符串输入后按回车键结束,该字符串(包括回车)存储在缓冲区中,系统从缓冲区读取字符时,当遇到第一个空格符、跳格符或回车符时,认为字符串输入结束,后面的字符串不被读取。

[例 7.9]输出一个用'*'组成的图形 A。

```
/* example7 - 9 */
#include < stdio. h >
void main( )
{
    char a[ ][8] = {"   *   "," *   * "," * * * * *"," *       *"};
    int i;
    for(i = 0;i < 4;i ++ )
    {
        printf("%s",a[i]);
        printf("\n");
    }
}
```

运行结果:

```
   *
 *   *
 * * * * *
 *       *
```

7.3.2 字符及字符串操作的常用函数

C 语言提供了丰富的字符和字符串处理函数,有输入输出函数,合并函数,比较函数等:使用这些函数可大大减轻编程的负担。字符串的输入输出函数,需包含头文件"stdio. h",其他处理函数,需包含头文件"string. h",下面介绍几个常用的字符串函数。

1. 字符串输出函数 puts

功能:把字符数组中的字符串输出到显示器上。如:

```
char c[ ] = " BASIC\nC program" ;
puts (c) ;
```

运行结果:

```
BASIC
C program
```

从程序中可以看出,puts( )函数中可以使用转义字符,因此输出结果为两行。puts( )函数完全可以由 printf( )函数取代。当需要按一定格式输出时,通常使用 printf( )函数。

2.字符串输入函数 gets( )

功能:从键盘上输入一个字符串到字符数组。如:

```
char str[10] ;
printf(" 请输入字符串:") ;
gets(str) ;
```

gets( )函数不以空格、跳格符作为字符串输入结束的标志,只以回车符作为输入结束的标志。输入的空格会作为普通字符处理。

3.字符串连接函数 strcat( )

功能:把字符数组 2 中的字符串连接到字符数组 1 中的字符串后面,并删去字符串 1 后的串结束标志'\0'。

[例 7.10]字符串连接函数应用示例。

```
/ * example7 - 10 * /
#include < stdio. h >
#include < string. h >
void main( )
{
    char str1[40] = " My name is " ;
    char str2[15] ;
    printf(" input your name:\n" ) ;
    gets(str2) ;
    strcat(str1,str2) ;
    puts(str1) ;
}
```

运行结果:

```
input your name:Li ping↙
My name is Li ping
```

注意:字符数组 1 应定义足够的长度,以便能容纳连接后的新字符串。

4.字符串复制函数 strcpy( )

功能:把字符数组 2 中的字符串复制到字符数组 1 中。串结束标志'\0'也一同复制:字符数组 2 也可以是一个字符串常量,这时相当于把一个字符串赋给字符数组 1。

[例 7.11]字符串复制函数应用示例,

```
/ * example7 - 11 * /
#include < stdio. h >
#include < string. h >
void main( )
{
    char str1[20],str2[ ] = " My name is Li ping" ;
    strcpy( str1,str2);
    puts( str1);
}
```

注意:字符数组 1 应定义足够的长度,以便能容纳复制的字符串。

5. 字符串比较函数 strcmp( )

功能:按照 ASCII 码大小顺序比较两个数组中的字符串,并返回比较结果。

字符串 1 = 字符串 2,返回值为 0;

字符串 1 > 字符串 2,返回值为大于 0 的数;

字符串 1 < 字符串 2,返回值为小于 0 的数。

用于比较的可以是字符数组,也可以是字符串常量。

[例 7.12]字符串比较函数应用示例。

```
/ * example7 - 12 * /
#include < stdio. h >
#include < string. h >
void main( )
{
int k;
    char str1[15] = " C Program" ;
    char str2[ ] = " C Language" ;
    k = strcmp( str1,str2);
    if( k == 0) printf(" str1 = str2 \n" );
    else if( k > 0) printf(" str1 > str2 \n" );
        else printf(" str1 < str2 \n" );
}
```

6. 测字符串长度函数 strlen( )

功能:测字符串的实际长度,即不包括字符串结束标志'\0',并把长度值返回。

[例 7.13]测字符串长度函数应用示例。

```
/ * example7 - 13 * /
#include < stdio. h >
#include < string. h >
void main( )
{
```

```
        int k;
        char str[40];
        printf("请输入一个字符串:\n");
        gets(str);
        k = strlen(str);
        printf("该字符串长度为%d\n",k);
    }
```

7.3.3　字符串数组

如果在数组中需存储多个字符串,每个字符串可以看做一个一维字符数组,由多个这样的一维字符数组构成的一维数组就是一个二维字符数组,也可称它为字符串数组。

[例7.14]输入五个字符串,按字母顺序排列输出。

分析:五个字符串可以存储在一个二维字符数组中,每个字符串按一维数组处理。然后用起泡排序法的思路,使用字符串比较函数比较相邻一维数组的大小,小的放在前面,大的放在后面。然后将该数组输出即可。程序编写如下:

```
/* example7-14 */
#include <stdio.h>
#include <string.h>
void main(     )
{
    char str[5][10],str1[10];
    int i,j;
    for(i=0;i<5;i++)
    {
        printf("请输入第%d个字符串(长度<10):",i+1);
        gets(str[i]);
        printf("\n");
    }
    for(i=1;i<5;i++)
        for(j=0;j<5-i;j++)
        {
            if(strcmp(str[j],str[j+1])>0)
            {
                strcpy(str1,str[j]);
                strcpy(str[j],str[j+1]);
                strcpy(str[j+1],str1);
            }

        }
    printf("排序后五个字符串依次为:");
```

```
        for(i=0;i<5;i++)
            {
                printf("%s",str[i]);
                printf("\n");
            }
    }
```

本程序定义的二维字符数组 str[5][10]，可看做由五个字符串构成的一维数组，五个字符串存储的起始地址分别为 str[0]、str[1]、str[2]、str[3]、str[4]，因此在 gets() 函数中使用了 str[i] 在双重循环中，借助数组 str1[10]，完成按字母顺序排序的工作。最后输出排好序的五个字符串。

7.4 任务4 数组的综合应用举例

工作情境一 寻找数组中的最大值

[例 7.15] 查找并输出整型数组中的最大值。

```
/* example7 - 15 */
#include < stdio. h >
void main()
{
    int i,a[5],max;
    for(i=0;i<5;i++)
        {
            printf("请输入第%d 个数组元素",i+1);
            scanf("%d",&a[i]);
        }
    max = a[0];
    for(i=1;i<5;i++)
        if(max<a[i]) max = a[i];
    printf("数组中的最大值为:%d",max);
}
```

运行结果:

请输入第 1 个数组元素 34↙

请输入第 2 个数组元素 67↙

请输入第 3 个数组元素 21↙

请输入第 4 个数组元素 47↙

请输入第 5 个数组元素 85↙

数组中的最大值为:85

分析：程序中第一个 for 语句用于逐个输入 10 个整数到数组 a 中，然后把 a[0] 的值赋给 max 变量。在第二个 for 语句中，从数组元素 a[1] 到 a[9]，逐个与 max 中的值比较，若比 max 的值大，则把该数组元素的值赋给 max 变量，因此 max 中总是保存着已比较过的数组元素中的最大者。比较全部数组后，输出 max 的值。

工作情境二　打印杨辉三角形

[例 7.16] 打印出以下的杨辉三角形（打印 8 行）。

```
1
1  1
1  2  1
1  3  3  1
1  4  6  4  1
1  5  10  10  5  1
1  6  15  20  15  6  1
1  7  21  35  35  21  7  1
```

分析：定义一个二维数组 a[8][8]，i 表示行下标，j 表示列下标。

第一行只打印 a[0][0]，其值为 1；

第二行打印 a[1][0]、a[1][1]，其值均为 1；

第三行打印 a[2][0]、a[2][1]、a[2][2]。a[2][0]、a[2][2] 的值均为 1，a[2][1] = a[1][0] + a[1][1]；

第四行打印 a[3][0]、a[3][1]、a[3][2]、a[3][3]。a[3][0]、a[3][3] 的值均为 1，a[3][1] = a[2][0] + a[2][1]，a[3][2] = a[2][1] + a[2][2]；

经观察，当数组元素下标 i = j 时，数组元素值为 1；当列下标 j = 0 时，数组元素值为 1；其余数组元素的值为 a[i][j] = a[i-1][j-1] + a[i-1][j]。故编程如下：

```
/* example7-16 */
#include <stdio.h>
void main()
{
    int a[8][8],i,j;
    for(i=0;i<8;i++)
        for(j=0;j<=i;j++)
            if(j==0) a[i][j]=1;
            else if(i==j) a[i][j]=1;
                else a[i][j] = a[i-1][j-1] + a[i-1][j];
    for(i=0;i<8;i++)
    {
        for(j=0;j<=i;j++)
```

```
            printf(" %3d",a[i][j]);
            printf(" \n");
        }
}
```

工作情境三　组成新数组

[**例** 7.17]在二维数组 a 中选出各行最大的元素组成一个一维数组 b。

数组 a:

3	15	35	54
10	32	21	88
40	76	61	57

则组成的数组 b 为:54 88 76

分析:本题的重点是在数组 a 的每一行中找到最大的元素。编程如下:

```
/ * example7 – 17 * /
#include < stdio. h >
void main( )
{
    int a[3][4] = { {3,15,35,54},{10,32,21,88},{40,76,61,57} };
    int i,j,k,b[3];
    for(i = 0;i < 3;i ++ )
    {
        k = a[i][0];
        for(j = 1;j < 4;j ++ )
            if(k < a[i][j]) k = a[i][j];
        b[i] = k;
    }
    for(i = 0;i < 3;i ++ )
    {
        for(j = 0;j < 4;j ++ )
            printf(" %3d",a[i][j]);
        printf(" \n");
    }
    for(i = 0;i < 3;i ++ )
        printf(" %3d",b[i]);
}
```

说明:程序中第一个 for 语句中嵌套了一个 for 语句,外层循环控制逐行处理,并把每行的第 0 列元素赋给变量 k。内循环中,把变量 k 与本行后面各个元素进行比较,把比变量 k 大的元素的值赋给 k,内循环结束时变量 k 中存储的值即为该行最大的元素,然后把变量 k

的值赋给 b[i],外循环全部完成时,数组 b 中即存入了数组 a 各行中的最大值。

本章小结

　　数组是程序设计中最常用的数据结构。数组可以是一维的,二维的或多维的。数组的定义由类型说明符、数组名、数组长度(即数组元素个数)三部分组成。数组的类型是指数组元素取值的类型。对数组的赋值可以用数组初始化赋值和赋值语句来实现。对数值数组不能用赋值语句整体赋值、输入或输出,一般用循环语句对数组元素逐个进行操作。字符数组的定义和使用要注意其数组元素的值为字符型。字符串函数的使用大大提高了编程效率。

项目实训七

1. 实训目标

(1)掌握一维数组、二维数组的定义、赋值和初始化;

(2)掌握字符数组的定义、赋值和初始化;

(3)熟悉字符串常用函数的使用;

(4)熟练应用数组完成程序设计。

2. 实训内容

题目 1　写出以下程序的运行结果。

```
#include" stdio. h"
void main( )
{
    int i;
    int a[3][3] = {1,2,3,4,5,6,7,8,9};
    for(i = 0;i < 3;i ++ )
        printf(" %3d" ,a[i][2 - i]);
}
```

题目 2　写出以下程序的运行结果。

```
#include" stdio. h"
void main( )
{
    int a[ ] = {1,2,3,4,5,6,7,8,9,10} ,b = 0,i;
    for(i = 0;i < 10;i ++ )
        b + = a[i];
    printf(" %3d\n" ,b);
}
```

思考:本程序的功能是什么?

题目 3　写出以下程序的运行结果。

```
#include" stdio. h"
void main( )
{
    char str[ ] =" ABCDEF" ;
    int i;
    for(i = 0;i < 6;i ++ )
        printf(" %s\n" ,&str[i]);
}
```

思考:printf(" %s\n" ,&str[i]);语句中 &str[i]的含义是什么?

题目 4 写出以下程序的运行结果。

```
#include" stdio. h"
void main( )
{
    char a[10],b[5],c[5];
    int i;
    for(i=0;i<10;i++)
        scanf(" %c",&a[i]);
    for(i=0;i<10;i++)
        if(i%2==0) b[i/2]=a[i];
        else c[i/2]=a[i];
    for(i=0;i<10;i++)
        printf(" %c",a[i]);
    printf(" \n");
    for(i=0;i<5;i++)
        printf(" %c",b[i]);
    printf(" \n");
    for(i=0;i<5;i++)
        printf(" %c",c[i]);
}
```

思考:表达式 i/2 在此程序中起什么作用?

练习与提高

1. 选择题

(1)下列数组定义合法的是( )。

    A. int a[]:   B. int a[4] = {{1,2},{3,4}};

    C. char str = "book";   D. int a[] = {0,1,2,3,4}:

(2)若有定义:int a[10]:则对数组元素的正确引用是( )。

    A. a[10]   B. a[10 – 10]

    C. a(5)   D. a[3.5]

(3)如有定义:int a[][4] = {1,2,3,4,5,6,7,8,9};则数组 a 第一维的大小为( )。

    A. 2   B. 3

    C. 4   D. 不确定

(4)在执行 int a[][3] = {{1,2,3},{3,4}};语句后,a[1][2]的值是( )。

    A. 0   B. 1

    C. 2   D. 5

(5)判断字符串 a 和 b 是否相等,应当使用( )。

A. if(a == b)   B. if(a = b)

C. if(strcpy(a,b))   D. if(strcmp(a,b))

(6)设有如下定义,则正确的叙述为(   )。

         char a[ ] = {" abcdef"};

         char b[ ] = {'a','b','c','d','e','f'};

A. 数组 a 和数组 b 等价   B. 数组 a 和数组 b 的长度相同

C. 数组 a 的长度大于数组 b 的长度   D. 数组 a 的长度小于数组 b 的长度

2. 编程题

(1)将一个数组的元素值按逆序重新排放。例如:数组中元素的原来顺序为 1,3,5,7, 9,逆序后变为 9,7,5,3,1。

(2)有一个已按升序排好的数组,现输入一个数,要求按原来排序的规律将它插入数组中。

(3)若某数的平方具有对称性质,则该数称为回文数,如 11 的平方为 121,称 11 为回文数。试找出 1~256 中所有的回文数。

(4)用冒泡排序法对输入的 10 个数进行降序排序并存入数组中。然后输入一个数,查找该数是否在数组中存在。若存在,打印出该数在数组中对应的下标值。

(5)用"＊"字符打印一个菱形图案,图形如下。

```
        *
     *     *
  *           *
     *     *
        *
```

第8章 指 针

在大部分的计算机应用系统中,数据的组织结构比较复杂,无法简单地用数组和结构体来表示。为了充分地利用计算机硬件的计算能力和存储能力,人们希望能够直接操作存储器中的数据,以实现高精度的数据组织、高性能的计算处理和细粒度的存储管理。为了满足这些软件开发的需求,C语言提供了指针类型。用于维护存储单元的地址,也提供了指针运算功能,用于支持基于地址的运算处理。本章主要介绍指针的基本概念、指针的运算、指针与数组,介绍了与指针有关的一些语句的语法形式和功能,并结合例题介绍了指针的应用方法。通过学习本章内容,读者应了解指针与指针变量的概念,指针与地址运算符;掌握变量、数组、指向变量、数组的指针变量,通过指针引用以上各类数据;了解指向数组的指针和指针数组的区别和使用。

通过前面几章的介绍,读者对C语言的基本语法结构已有了系统的认识,本章将重点介绍C语言中指针的使用。指针是C语言中非常重要且利用率最高的操作,从某种程度上说,指针也是C语言的精华之一。因为使用它,可以表示很多复杂的数据结构,如队列、栈、链表、树、图等;指针是C语言中广泛使用的一种数据类型。利用指针变量可以表示各种数据结构;能很方便地使用数组和字符串;并能像汇编语言一样处理内存地址,从而编出精练而高效的程序。

8.1 任务1 认识指针与指针变量

8.1.1 内存地址与变量地址

在计算机中,所有的数据都存储在内存中。而为了方便存放与管理数据,内存区域可划分为若干个存储单元(内存单元),每个单元可以存放8位二进制数,即1字节的数据。内存单元采用线性地址编码,每个单元具有唯一的地址编码。内存、内存单元、存储地址与数据之间的关系如图8-1所示。

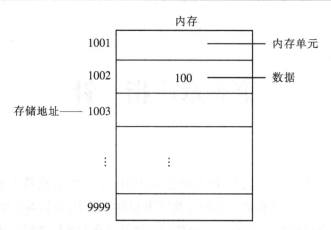

图 8 - 1 内存、内存单元、存储地址与数据之间的关系

在编写 C 语言程序时所定义的变量,系统会为变量内存单元中的一个地址,称为变量的地址。例如:int a; float b;假设系统分配给变量 a 两个内存单元存储地址为 1000 和 1001,分配给变量 b 四个内存单元存储地址为 1002、1003、1004 和 1005,则变量 a 的起始地址 1000 即为变量 a 在内存中的地址,同理 1002 即为变量 b 在内存中的地址。

8.1.2 指针与指针变量

在计算机中,数据存储在内存单元中,为了正确访问这些内存单元,需要为这些存储单元确定地址,通常把这个地址称为指针。换句话说,指针实际上就是内存地址。

在访问定义的变量时,有两种方式:第一种为直接访问,就是通过变量名直接访问;第二种为间接访问,首先定义一个变量 p,用来存放变量 a 的地址,然后通过 P 访问 a,这时,把存放另一个变量 a 地址的变量 P 称之为指针变量,即存放地址的变量。

8.2 任务 2 指针变量的定义和引用

C 语言规定,变量在使用之前必须先定义,指针变量也是如此。

指针变量的定义形式如下:

类型标识符 *指针变量名;

其中,格式中的"*"是一个说明符,说明其后的变量是一个指针变量。格式中的"类型标识符"用来说明该指针变量用来存放哪一种类型变量的地址。

例如:

int a = 10, * p;

p = &a;

该语句定义了一个整型变量 a 和一个整型的指针变量 p,并且指针变量 P 被初始化为整型变量 a 的地址(即 p 指向 a),如图 8 - 2 所示。

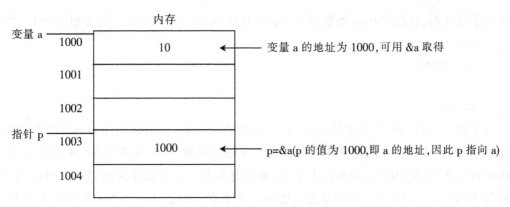

图 8 - 2 指针与所指数据示意图

8.3 任务 3 指针和地址运算

指针的基本运算与一般的整数运算是有区别的,首先需要了解有关指针运算的两个运算符:

"&"是地址运算符。例如,P = &a;,此语句中"&"的作用是将变量 a 的地址取出赋给指针变量 p。

" * "运算符的作用是访问指针变量所指向地址中所存储的变量。例如,a = * p;。

[例 8.1]分析下面的程序。

```
/ * example8 - 1 * /
#include  < stdio. h >
void main( )
{
    int a =5, * p = &a;    / *指针变量 p 取得了整型变量 a 的地址 * /
    printf (" %d" , * p);  / *输出变量 a 的值 * /
}
```

运行结果:

    5

指针的运算包含算数运算、指针变量间的运算和关系运算三种。

8.3.1 算术运算

其一般形式为:指针 ± 整数。

指针变量加或减一个整数 n 的意义是把指针指向的当前位置(指向某数组元素)向前或向后移动 n 个位置。指针加上一个整数的结果是另一个指针,如果将一个字符指针加 1,运算结果产生的指针指向内存中的下一个字符,但不能理解为指针地址加 1。对于指向数组的指针变量,可以加上或减去一个整数 n。设 pa 是指向数组 a 的指针变量,则 pa + n、pa - n、pa ++、++ pa、pa --、-- pa 运算都是合法的。例如:某台机器上 float 占 4 字节,在计算 float 型指针

加 1 的表达式时,将根据 float 类型的大小进行调整,实际上加到指针上的整型值为 4。如:

```
char a[20];
int * ptr = a;
...
ptr ++ ;
```

在上例中,指针 ptr 的类型是 int * ,它指向的类型是 int,它被初始化为指向整型变量 a。接下来的第 4 句中,指针 ptr 被加了 1,编译器是这样处理的:它把指针 ptr 的值加上了 sizeof(int),在 32 位程序中,是被加上了 4。由于地址是用字节做单位的,故 ptr 所指向的地址由原来的变量 a 的地址向高地址方向增加了 4 字节。由于 char 类型的长度是 1 字节,所以原来 ptr 是指向数组 a 的第 0 号单元开始的 4 字节,此时指向了数组 a 中从第 4 号单元开始的 4 字节。

可以用一个指针和一个循环来遍历一个数组,看例子:

```
int array[20];
int * ptr = array;
...
/ * 此处略去为整型数组赋值的代码 * /
...
for( i = 0; i < 20; i ++ )
{
    ( * ptr) ++ ;
    ptr ++ ;
}
```

这个例子将整型数组中各个单元的值加 1。由于每次循环都将指针 ptr 加 1,所以每次循环都能访问数组的下一个单元。

[例 8.2] 分析下面的程序,写出运行的结果。

```
/ * example8 - 2 * /
#include < stdio. h >
#include < string. h >
void main( )
{
    char s[ ] = " Yes \n/No" , * ps = s;
    puts( ps + 4 );
     * ( ps + 4 ) = 0;
    puts( s );
}
```

运行结果:

```
/No
Yes
```

8.3.2 两个指针变量之间的运算

两个指针变量之间的运算一般形式为:指针 – 指针。

两指针变量相减:两指针变量相减所得之差是两个指针所指数组元素之间相差的元素个数。实际上是两个指针值(地址)相减之差再除以该数组元素的长度(字节数)。如果两个指针不是指向一个数组,它们相减就没有意义。例如 pf1 和 pf2 是指向同一浮点数组的两个指针变量,设 pf1 的值为 2010H,pf2 的值为 2000H,而浮点数组每个元素占 4 字节,所以 pf1 – pf2 的结果为(2000H – 2010H)/4 = 4,表示 pf1 和 pf2 之间相差 4 个元素。两个指针变量不能进行加法运算。例如,pf1 + pf2 是什么意思呢? 显然毫无实际意义。

8.3.3 关系运算

两指针变量进行关系运算:指向同一数组的两指针变量进行关系运算可表示它们所指数组元素之间的关系。

例如:

pf1 == pf2 表示 pf1 和 pf2 指向同一数组元素;

pf1 > pf2 表示 pf1 处于高地址位置;

pf1 < pf2 表示 pf2 处于低地址位置。

指针变量还可以与 0 比较。

设 p 为指针变量,则 p == 0 表明 p 是空指针,它不指向任何变量;

p! = 0 表示 p 不是空指针。

空指针是由对指针变量赋予 0 值而得到的。

例如:

```
#define NULL 0
int  * p = NULL;
```

对指针变量赋 0 值和不赋值是不同的。指针变量未赋值时,可以是任意值,是不能使用的否则将造成意外错误。而指针变量赋 0 值后,则可以使用,只是它不指向具体的变量而已。

[例 8.3]

```
/ * example8 – 3 * /
#include  < stdio. h >
void main( )
  {
    int a,b;
    int  * pointer_1 ,  * pointer_2 ;          / * 定义指针变量 * /
    a = 100; b = 10;
    pointer_1 = &a;
    pointer_2 = &b;
```

C 语言程序设计项目教程

```
        printf(" %d,%d \n" ,a,b) ;
        printf(" %d,%d \n" , * pointer_1, * pointer_2) ;
    }
```

注意：

（1）在定义指针变量时，还未规定它指向哪一个变量，此时不能用 * 运算符访问指针。只有在程序中用赋值语句具体规定后，才能用 * 运算符访问所指向的变量。

（2）区分 * 运算符在不同场合的作用，编译器能够根据上下文环境判别 * 的作用。

```
    int a,b,c;
    int * p;              /* " * "表示定义指针 */
    p = &a;
    * p = 100;            /* " * "表示指针运算符 */
    c = a * b;            /* " * "表示乘法运算符 */
```

[例 8.4] 输入 a 和 b 两个整数，按先大后小的顺序输出 a 和 b。

```
/ * example8 - 4 * /
#include < stdio. h >
void main( )
{
    int * p1, * p2, * p,a,b;
    scanf(" %d,%d" ,&a,&b) ;
    p1 = &a; p2 = &b;
    if( a < b)
    {
        p = p1; p1 = p2; p2 = p;
    }
    printf(" a = %d,b = %d \n" ,a,b) ;
    printf(" max = %d,min = %d \n" , * p1, * p2) ;
}
```

注意：该例不交换变量 a、b 的值，而是交换指针 p1、p2 的值。

8.4 任务4 指针与数组

8.4.1 数组的指针和指向数组的指针变量

前面章节已经介绍了数组的定义与使用，下面将介绍数组与指针之间的关系及应用。数组的指针实际就是数组在内存中的起始存储地址。

例如，定义整型数组 int a[5];，数组名 a 表示该数组在内存的起始地址。

可以用地址运算符 & 获得某个元素的地址。如 &a[2] 获得元素 a[2] 的地址。第一个元素 a[0] 的地址 &a[0] 即为数组 a 的起始地址。

· 138 ·

```
p = a;
p = &a[2];
```

如果指针变量 p 已指向数组中的一个元素,则 p + 1 指向同一数组中的下一个元素。

例如,p = &a[0],则:

(1)p + i 和 a + i 就是 a[i] 的地址,或者说它们指向 a 数组的第 i 个元素。

(2) *(p + i) 或 *(a + i) 就是 p + i 或 a + i 所指向的数组元素,即 a[i]。例如, *(P + 5) 或 *(a + 5) 就是 a[5]。

(3)指向数组的指针变量也可以带下标,如 p[i] 与 *(p + i) 等价。

[例 8.5]输出一个整型数组的全部元素。

```
/* example8 - 5 */
#include <stdio.h>
void main()
{
    int a[10];
    int *p, i;
    for(i = 0;i < 10;i ++)
    scanf("%d", &a[i]);
    printf("\n");
    for(p = a;p < (a + 10);p ++)        /* p ++ 使 p 指向下一个元素 */
    printf("%d", *p);
}
```

(1)数组名 a(数组的指针)与指向数组首地址的指针变量 P 不同,a 不是变量。语句 p ++ 合法,而 a ++ 错误。

(2)指针变量可以指向数组中的任何元素,注意指针变量的当前值。

(3)使用指针时,应特别注意避免指针访问越界。

(4)指针使用的几个细节。

设指针 p 指向数组 a(p = a),则:

①p ++(或 p += 1)表示 p 指向下一个元素。

② *P ++ 相当于 *(p ++)。因为, * 和 ++ 同优先级, ++ 是右结合运算符。

③ *(P ++) 与 *(++P) 的作用不同。

*(p ++):先取 *p,再使 p 加 1。

*(++p):先使 P 加 1,再取 *P。

④(*P)++ 表示 P 指向的元素值加 1。

⑤如果 p 当前指向数组 a 的第 i 个元素,则:

*(p --) 相当于 a[i --],先取 *p,再使 p 减 1。

*(++p) 相当于 a[++i],先使 p 加 1,再取 *P。

*(--p) 相当于 a[--i],先使 p 减 1,再取 *p。

8.4.2　指向多维数组的指针——数组指针

上一节学习了如何用指针变量引用一维数组的方法,这节将学习如何利用指针变量引用多维数组。

首先,定义一个二维数组:

  int a[3][4] = {{1,3,5,7},{9,11,13,15},{17,19,21,23}};

数组名 a 代表整个二维数组的首地址,也是元素 a[0][0] 的地址。可以这样理解,二维数组 a 由三个一维数组 a[0]、a[1]、a[2] 组成,而每个一维数组中又包含 4 个元素(相当于 4 列),其中 a[0] 代表的一维数组包含 4 个元素为 a[0][0]、a[0][1]、a[0][2]、a[0][3],这样可以用 a[0]、a[1]、a[2] 这样的一维数组名分别代表对应数组的首地址,也就是说,a[0] 代表第 0 行第 0 列元素的地址,即 &a[0][0],a[1] 代表第 1 行第 0 列元素的地址,即 &a[1][0],而每一行的元素可根据地址运算规则推算,a[0]+1 即代表第 0 行第 1 列元素的地址,即 &a[0][1]。因此,用 a[i]+j 代表第 i 行第 j 列元素的地址,即 &a[i][j]。a+1 就代表第 1 行的首地址,a+2 就代表第 2 行的首地址。

此外,在二维数组中,还可以用指针的形式来表示各元素的地址。综上所述,a[0] 与 *(a+0) 等价,a[1] 与 *(a+1) 等价,因此 a[i]+j 就与 *(a+i)+j 等价,它表示数组元素 a[i][j] 的地址。

因此,二维数组中元素 a[i][j] 可表示为 *(a[i]+j) 或者 *(*(a+i)+j),它们都与 a[i][j] 等价。

二维数组指针变量说明的一般形式为:

  类型说明符(*指针变量名)[长度];

其中,"类型说明符"为所指数组的数据类型,"*"表示其后的变量是指针类型,"[长度]"表示二维数组分解为多个一维数组时,一维数组的长度即二维数组的列数。

注意:(*指针变量名)两边的括号不可缺少,如缺少括号则表示为指针数组,意义则完全不同了。

[例 8.6]利用二维数组的指针输出二维数组的值。

```
/* example8 - 6 */
#include <stdio.h>
void main()
{
    static int a[3][4] = {1,2,3,4,5,6,7,8,9,10,11,12};
    int (*p)[4];
    int i,j;
    p = a;
    for(i = 0;i < 3;i ++)
    for(j = 0;j < 4;j ++)
    printf(" %2d", *(*(p+i)+j));
```

```
}
```

运行结果：

　　1　2　3　4　5　6　7　8　9　10　11　12

8.4.3　元素为指针的数组——指针数组

一个数组的元素类型都为指针类型的数组,称为指针数组。指针数组是一组有序的指针集合指针数组的所有元素都必须是具有相同存储类型和指向相同数据类型的指针变量。

指针数组的定义格式为：

　　类型标识符 * 数组名[常量表达式]

假如定义了一个指针数组：float * x[2];

注意,变量 x 不是二维数组,而是由两个指向一维 float 数组的指针所组成的数组。但对它适当地初始化,可用做二维数组。要想使它能表示 2 * 3 的 float 型数组,只要按如下方法初始化即可

　　x[0] = (float *) malloc(3 * sizeof(float));

　　x[1] = (float *) malloc(3 * sizeof(float));

现在 x[0] 和 x[1] 都指向能保存三个 float 型数据的存储空间。

[例 8.7] 分析以下指针数组程序程序。

```c
/ * example8 - 7 */
#include < stdio. h >
void main( )
{
    int a[3][4] = {{1,3,5,7},{9,11,13,15}, {17,19,21,23}};
    int i,( * b)[4];
    b = a + 1;    / * b 指向二维数组的第 1 行,此时 b[0] 是 a[1][0] */
    for(i = 1;i < = 4;b = b[0] + 2,i ++ )    / * 修改 b 的指向,每次增加 2 */
        printf(" %d \t", * b[0]);
        printf(" \n");
    for(i = 0; i < 3; i ++ )
    {
        b = a + i;    / * 修改 b 的指向,每次跳过二维数组的一行 */
        printf(" %d \t", * (b[i] + 1));
    }
    printf (" \n");
}
```

运行结果：

　　9　　13　　17　　21

　　3　　19　　- 20

本章小结

本章主要阐述内容如下。

(1)指针是 C 语言中一个重要的组成部分,使用指针编程有以下优点:

①提高程序的编译效率和执行速度。

②通过指针可使主调函数和被调函数之间共享变量或数据结构,便于实现双向数据通信。

③可以实现动态的存储分配。

④便于表示各种数据结构,编写高质量的程序。

(2)指针的运算符和指针的运算。

①取地址运算符 &。求变量的地址。

②取内容运算符 *。表示指针所指的变量。

③加减运算。对指向数组,字符串的指针变量可以进行加减运算,如 p + n,p − n,p ++ ,p −− 等。对指向同一数组的两个指针变量可以相减。对指向其他类型的指针变量做加减运算是无意义的。

④关系运算。指向同一数组的两个指针变量之间可以进行大于、小于、等于比较运算,指针可与 0 比较,P ==0 表示 p 为空指针。

(3)不同的指针形式及其表示内容和意义。

(4)指针与数组组合使用。

项目实训八

1. 实训目标

(1)掌握指针的基本概念及定义方法,掌握地址、指针和指针变量之间的区别与联系。

(2)掌握指针变量与数组的关系,掌握如何使用指针来处理和数组相关的问题。

2. 实训内容

题目1 在键盘输入三个数 a、b、c,按大小顺序输出。要求:编制一个函数 swap(p1,p2),用以交换两个参数指针所指的数据。然后用主函数去调用函数 swap,将两个变量的值进行交换。

题目2 通过指针数组输出一个二维数组的值。要求:定义一个数组,并对其赋初值,然后利用指针数组进行处理。

题目3 编写程序实现:从键盘输入 n 个字符,以符号"!"结束。编写一个程序,统计这些符号的个数(不包含"!")并存入数组元素 a[0],将这些符号依次存入a[1]、a[2]、a[3]、…中。然后利用 a[0]中存放的字符个数,输出这些字符。

题目4 调试下列程序,使之具有以下功能:利用指针输入 12 个数,然后按每行 4 个数输出。写出调试过程。

```
main( )
{
    int j,k,a[12], * p;
    for( j = 0;j < 12;j ++ )
    scanf(" %d",p ++ )
    for( j = 0;j < 12;j ++ )
    {
        printf(" %d", * p ++ );
        if( j%4 == 0)
        printf(" \n" )
    }
}
```

调试此程序时将 a 设置为一个"watch",数组 a 所有元素的值在一行显示出来。调试时注意指针变量指向哪个目标变量。

练习与提高

1. 选择题

（1）以下程序运行后，输出结果是（　　　）。

```
main()
{
    static char a[] = "ABCDEFGH", b[] = "abCDefGh";
    char p1, p2;
    int k;
    p1 = a; p2 = b;
    for(k = 0; k < -7; k++)
    if( *(p1 + k) == *(p2 + k))
    printf("%c", *(p1 + k));
    printf("\n");
}
```

    A. ABCDEFG   B. CDG

    C. abcdefgh   D. abCDefGh

（2）以下程序运行后，输出结果是（　　　）。

```
#include <stdio.h>
#include <string.h>
fun(char s w, int n)
{
    char t, *s1, *s2;
    s1 = w;
    s2 = w + n = 1;
    while(s1 < s2) {t = *s1++; *s1 = s2--; *s2 = t;}
}
main()
{
    char *p;
    fun(p, strlen(p));
    puts(p);
}
```

    A. 1234567   B. 7654321

    C. 1711717   D. 7177171

（3）以下程序运行后，输出结果是（　　　）。

```
main()
```

```
    int a,k = 4,m = 6, * p1 = &k, * p2 = &m;a = p1 == &m;
    printf(" %d\n" ,a);
}
```

A. 4

B. 1

C. 0

D. 运行时出错,无定值

（4）以下程序运行后,输出结果是(　　)。

```
#include < stadio. h >
ss( char * s)
{
    char * p = s;
    while ( * p)p ++ ;
    return( p - s);
}
main( )
{
    char * a = " abcde" ;
    int i;
    i = ss( a);
    printf(" %d\n" ,i)
}
```

A. 8

B. 7

C. 6

D. 5

（5）若有定义和语句:

```
#include
int a = 4,b = 3, * p, * q, * w;
p = &a; q = &b; w = q; q = NULL;
```

则以下选项中错误的语句是(　　)。

A. * q = 0;

B. w = p;

C. * p = va;

D. * p = * w;

（6）若程序中已包含头文件 stdio. h,以下选项中,正确运用指针变量的程序段是(　　)。

A. int * i = NULL;

B. float　* f = NULL;scanf(" % d" ,i) ; * f = 10. 5;

C. char t = ′m′, * c = &t;

D. 1ong * L; * c = &t;L = ′0′;

（7）以下定义语句中正确的是(　　)

A. char a = Ab = B;

B. float a = b = 10. 0;

C. int a = 10, * b = &a;

D. float　* a, b = &a;

(8)设有定义 int n = 0, * p = &n, * * q = ≈,则以下选项中,正确的赋值语句是(　　)

A. p = 1;　　　　　　　　　　　　B. * q = 2;

C. q = p;　　　　　　　　　　　　D. * p = 5

2. 根据下列程序,写出运行结果

(1)利用指针指向 3 个整型变量,并通过指针运算找出 3 个数中的最大值,输出到屏幕上,请填空:

```
#include < stdio. h. >
main( )
{
    int x,y,z,max, * px, * py, * pz, * pmax
    scanf(" %d%d%d" , &x,&y,&z) ;
    px = &x;
    py = &y;
    pz = &z;
    pmax = &max;
    _____;
    if( * pmax < * py) * pmax = * py;
    if( * pmax < * pz) * pmax = * pz;
    printf(" max = %d \n" ,max) ;
}
```

(2)以下程序的输出结果是_____。

```
#include < stdio. h. >
main( )
{
    char  * s1, * s2,m;
    s1 = s2 = ( char * ) malloc( sizeof( char) ) ;
     * s1 = 15;
     * s2 = 20;
    m = * s1 + * s2;
    printf(" %d \n" ,m) ;
}
```

(3)以下程序的输出结果是_____。

```
#include < stdio. h. >
main( )
{
    char b[30] , * chp;
    strcpy(&b[0]," CH" );
    strcpy(&b[1]," DEF" );
    strcpy(&b[2]," ABC" );
```

```
        printf(" %s \n" ,b);
    }
```

（4）以下程序的输出结果是＿＿＿＿＿。

```
    main( )
    {
        char * P = " abcdefgh" , * r;
        long * q;
        q = ( long * ) p;
        q ++ ;
        r = ( char * ) q;
        printf(" %s \n" ,r);
    }
```

（5）有以下程序

```
    main( )
    {
        char * s[ ] = { " one" , " two" , " three" } , * p;
        p = s[1];
        printf(" %c,%s \n" , * ( p + 1) ,s[0]);
    }
```

执行后输出结果是＿＿＿＿＿＿＿＿。

（6）有以下程序

```
    main( )
    {
        int x[8] = {8,7,6,5,0,0} , * s;
        s = x + 3;
        printf(" %d \n" ,s[2]);
    }
```

执行后输出结果是＿＿＿＿＿＿＿。

第9章 预处理命令

本章主要介绍 C 语言中预处理命令的主要功能。重点介绍了带参数的宏及不带参数的宏的定义及使用。

在 C 语言程序设计中经常遇到反复使用类似于圆周率(3.1415926)这样复杂而又易出错的字符串,怎样才能减少程序中重复书写这些字符串的工作量? 在以前的程序中经常用到类似于"#include < stdio. h >"这样的语句,它究竟是什么,有什么作用?

ANSI C 标准规定可以在 C 源程序中加入一些"预处理命令",来改进程序设计环境,提高编译效率。

9.1 任务1 预处理命令简介

预处理命令是 C 程序在编译之前进行处理的命令,它是由 ANSI C 统一规定的,因它不是 C 语言本身的组成部分,所以不能直接对它们进行编译。要先对程序中这些特殊的命令进行"预处理"(例如若程序中用#define 命令定义了一个符号常量 w,用它来替代字符串"what are you doing?",则在预处理时将程序中所有的 w 都置换为该字符串。若程序中用#include命令包含一个文件"math. h",则在预处理时将 math. h 文件中的实际内容代替该命令。),然后编译程序才能进行编译。

预处理后的程序不再包括预处理命令,再由编译程序对预处理后的源程序进行通常的编译处理,得到可执行的目标代码。目前使用的 C 编译系统(如 TC 3.0 等)大多都自带了预处理、编译和连接等部分,在进行编译时一气呵成;导致不少用户误认为预处理命令是 C 语言的一部分甚至以为它们是 C 语句,这是不对的。正确区别预处理命令和 C 语句,理解预处理和编译的区别才能正确使用预处理命令。可以使用预处理命令和具有预处理的功能是 C 语言与其他高级语言的一个重要区别。

C 提供的预处理功能主要有宏定义、文件包含、条件编译三种。分别用宏定义、文件包含命令、条件编译命令来实现。为了与一般 C 语句相区别,这些命令要以"#"开头。

9.2 任务2 宏定义

写好 C 语言,漂亮的宏定义很重要,使用宏定义可以防止出错,提高可移植性、可读性、方便性等。在 C 语言源程序中允许用一个标识符来表示一个字符串,称为"宏"。被定义为

"宏"的标识符称为"宏名"。在编译预处理时,对程序中所有出现的"宏名",都用宏定义中的字符串去替换,称为"宏代换"或"宏展开"。宏定义是由源程序中的宏定义命令完成的。宏代换是由预处理程序自动完成的。在 C 语言中,"宏"分为有参数和无参数两种。

9.3 任务 3 不带参数的宏定义

无参宏是用一个指定的标识符(即名字)来代表一个字符串。其定义的一般形式为:

    #define 标识符 字符串

其中的"#"表示这是一条预处理命令。凡是以"#"开头的,均为预处理命令。"define"为宏定义命令;"标识符"为所定义的宏名;"字符串"可以是常量、表达式、格式串等。前面介绍过的符号常量的定义就是一种无参宏定义。

[例 9.1]使用不带参数的宏定义。

```
/ * example9 - 1 */
# include  < stdio. h >
# define PI 3. 1415926
void main( )
{
    float s,r;
    printf(" input radius please:");
    scanf(" %f" ,&r);
    s = PI * r * r;
    printf(" s = %10.4f \n" ,s);
}
```

运行结果:

    input radius please:5

    s = 78.5398

上例中首先进行宏定义,定义 PI 来替代常量 3.1415926,在语句 s = PI * r * r 中作了宏调用,在预处理时经宏展开后该语句变为 s = 3.1415926 * r * r。

对于宏定义要注意以下几点:

(1)宏定义是用宏名来表示一个字符串,在宏展开时又以该字符串取代宏名,这只是一种简单的代换,字符串中可以含任何字符,可以是常数,也可以是表达式,预处理程序对它不做任何检查。如有错误,只能在编译已被宏展开后的源程序时才能发现。

(2)宏定义不是说明或语句,在行末不必加分号,如果加上分号则会连分号也一起置换。例如:

    #define   PI   3.1415926;

    s = PI * r * r;

经过宏展开后,该语句变为 s = 3.1415926; * r * r,这显然会出现错误。

(3)宏定义必须写在函数之外,其作用域为宏定义命令起到本源程序结束。通常,#define命令写在文件开头,函数之前,作为文件一部分,在此文件范围内有效。如要终止其作用域可使用#undef 命令。

例如:

```
#define PI 3.1415926
vold main( )
{
    …
}
#undef PI
zi( )
{
    …
}
```

由于#undef 的作用,使 PI 的作用范围到#undef 行终止,这表示 PI 只在 main 函数中有效,而在 zi 函数中无效。

(4)宏名在源程序中若被引号引用时,则预处理程序不对其做宏代换。

[例 9.2]引号中的字符虽与宏名相同,但不进行置换。

```
/* example9 - 2 */
# define well 100
# include < stdio. h >
void main( )
{
    printf(" well" );
    printf(" \n" );
}
```

运行结果:

```
well
```

上例中定义宏名 well 表示 100,但在 ptintf 语句中 well 被引号引用,因此不做宏代换。只把"well"当字符串处理。

(5)宏定义允许嵌套,在宏定义的字符串中可以使用已经定义的宏名。在宏展开时由预处理程序层层代换。

[例 9.3]在宏定义中引用已定义的宏名。

```
/* example9 - 3 */
# include < stdio. h >
# define PI 3.1415926
# define R 5.0
# define S PI * R * R          /*PI 和 R 是已定义的宏名*/
```

```
void main( )
{
    printf(" S = %10.4f \n" ,S);
}
```

运行结果：

s = 78.5398

在上例中对语句 printf("%f" ,S)进行宏代换后变为 printf("%10.4 \n" ,3.1415926 *
5.0 * 5.0);。

(6)习惯上宏名用大写字母表示,以便于与变量区别,但也允许用小写字母。

(7)宏定义是专门用于预处理命令的专用名词,与定义变量不同,它只做字符替换,不分
配内存空间。

9.4　任务 4　带参数的宏定义

C 语言允许宏带有参数。在宏定义中的参数称为形式参数,在宏调用中的参数称为实
际参数。对带参数的宏在调用中,不仅要进行宏展开,而且要用实参去代换形参。带参宏定
义的一般形式为：

```
#define 宏名(形参表) 字符串
```

字符串包含形参
例如：

```
#define M(x,y) x + y          /* 宏定义 */
...
k = M(5,8);                   /* 宏调用 */
...
```

在宏调用时,用实参 5 和 8 分别去代替形参 x 和 y,经预处理宏展开后的语句为 K = 5 + 8。

对带参数的宏定义展开置换方式是:程序中若有带实参的宏(如 M(5,8)),则按#define
命令行中指定的字符串从左到右进行置换。如果字符串中包含宏中的形参(如 x、y),则将
程序语句中相应的实参(可以是常量、变量或者表达式)代替形参。如果宏定义中字符串的
字符不是参数字符(如 x + y 中的 + 号)则保留,这样就形成了置换的字符串 5 + 8。

[例 9.4]使用带参数的宏。

```
/* example9 - 4 */
# define MAX(a,b) (a > b)? a:b
# include < stdio. h >
void main( )
{
    int x,y,max;
    printf(" input to numeral:" );
```

```
scanf(" %d%d" ,&x,&y);
max = MAX(x,y);
printf(" max = %d \n" ,max);
}
```

上例程序的第 2 行进行带参宏定义,用宏名 MAX 表示条件表达式(a > b)？a:b,形参 a、b 均出现在条件表达式中。程序第 9 行 max = MAX(x,y)为宏调用,实参 x、y,将代换形参 a、b。宏展开后该语句为 max = (x > y)？x:y;用于计算 x 和 y 中的大数。

对于带参的宏定义有以下几点说明:

(1)带参宏定义中,宏名和形参表之间不能有空格出现。

例如:

若将:

```
#define   MAX(a,b)   (a>b)?a:b
```

写为:

```
#define   MAX   (a,b)   (a>b)?a:b
```

则被认为是无参宏定义,宏名 MAX 代表字符串(a,b)(a > b)？a:b。

宏展开时,宏调用语句:

```
max = MAX(x,y);
```

将被展开成为:

```
max = (a,b) (a>b)? a:b(x,y);
```

这显然是错误的。

(2)在带参宏定义中,形式参数不分配内存单元,因此不必做类型定义。宏调用中的实参有具体的值,要用它们去代换形参,因此必须作类型说明。这是与函数中的情况不同的。在函数中,形参和实参是两个不同的量,各有自己的作用域,调用时要把实参值赋予形参,进行"值传递"。而在带参宏中,只是符号代换,不存在"返回值"的问题。

(3)在宏定义中的形参是标识符,而宏调用中的实参可以是表达式。

[例9.5]实参是表达式的宏调用。

```
/ * example9 - 5 * /
# define T(a) (a) * (a)
# include < stdio. h >
void main( )
{
    int x,y;
    printf(" please input a number： " );
    scanf(" %d" ,&x);
    y = T(x + 1);
    printf(" y = %d \n" ,y);
}
```

运行结果:

· 152 ·

Please input a number：5↙ y = 36

上例中第 2 行为宏定义，形参为 a。程序第 9 行宏调用中实参为 x + 1，是一个表达式，在宏展开时，用 x + 1 代换 a，再用(x + 1) * (x + 1)代换 T(x + 1)，得到如下语句：

y = (x + 1) * (x + 1);

这与函数的调用是不同的，函数调用时要把实参表达式的值求出来再赋予形参。而宏代换中对实参表达式不做计算直接代换。

(4)在宏定义中，字符串内的形参通常要用括号括起来避免出错。在上例中的宏定义中表达式(y) * (y)的 y 都用括号括起来，因此结果是正确的。如果去掉括号，把程序改为以下形式：

[例 9.6]宏定义时的形参没有括号的示例。

```
/ * example9 - 6 * /
# define T(a) a * a
# include < stdio. h >
void main( )
{
    int x,y;
    printf(" 请输入一个数:" );
    scanf(" %d" ,&x);
    y = T(x + 1);
    printf(" y = %d \n" ,y);
}
```

运行结果：

请输入一个数:5↙ y = 11

例 9.5 和例 9.6 中同样输入 5，但结果却是不一样的。问题在哪里呢？这是由于宏代换只做符号代换而不做其他处理而造成的。宏代换后将得到以下语句：

y = x + 1 * x + 1;

由于 x 为 5 故 y 的值为 11。这显然与题意相违，因此参数两边的括号是不能少的。即使在参数两边加括号还是不够的，请看下面程序：

[例 9.7]宏定义时"字符串"没有括号的示例。

```
/ * example9 - 7 * /
# define T(a) (a) * (a)
# include < stdio. h >
void main( )
{
    int x,y;
    printf(" 请输入一个数: " );
    scanf(" %d" ,&x);
    y = 108/T(x + 1);
```

```
        printf(" y = %d \n",y);
    }
```

运行结果：

请输入一个数:5↙ y = 108

本程序与前例相比,只把宏调用语句改为：

y = 108/T(a + 1);

运行本程序输入值仍为 5,希望结果为 3。但实际运行的结果并不是 3,为什么会得这样的结果呢? 分析宏调用语句,在宏代换之后变为：

y = 108/(x + 1) * (x + 1);

x 为 5 时,由于“/”和“*”运算符优先级和结合性相同,则先计算 108/(5 + 1) 得 18,再计算 18 * (5 + 1) 最后得 108。为了得到正确答案应在宏定义中的整个“字符串”外加括号,程序修改如下：

[例 9.8]宏定义时形参和字符串都加上括号的示例。

```
/* example9 - 8 */
# define T(a) ((a) * (a))
# include < stdio. h >
void main()
{
    int x,y;
    printf(" input a : ");
    scanf(" %d",&x);
    y = 108/T(x + 1);
    printf(" y = %d \n",y);
}
```

运行结果：

input a : 5↙ y = 3

以上讨论说明,对于宏定义不仅应在参数两侧加括号,还应在整个字符串外加括号。

(5)带参的宏和带参函数很相似,但有本质上的不同:对函数中的实参和形参都要定义类型,而且要求二者类型一致。而宏不存在类型问题,它的参数也无类型,只是一个符号代表,展开时代入指定的字符串即可。宏定义时,字符串可以是任何类型的数据。除上面已谈到的各点外,把同一表达式用函数处理与用宏处理两者的结果往往是不同的。

[例 9.9] 调用函数处理示例

```
/* example9 - 9 */
# include < stdio. h >
void main()
{
    int i = 1;
    while(i < 6)
```

```
        printf(" %d \n",T(i++));
    }
    T(int a)
    {
        return((a) * (a));
    }
```

[**例 9.10**]宏处理示例

```
/ * example9 – 10 * /
#define T(a) ((a) * (a))
# include < stdio. h >
void main( )
{
    int i = 1;
    while(i < 6)
    printf(" %d \n",T(i++));
}
```

在例 9.9 中函数名为 T,形参为 a,函数体表达式为((a) * (a))。

在例 9.10 中宏名为 T,形参也为 a,字符串表达式为((a) * (a))。

例 9.9 的函数调用为 T(i++),例 9.10 的宏调用为 T(i++),实参也是相同的。但结果却大不相同。在例 9.9 中,函数调用是把实参 i 值传给形参 a 后自增 1。然后输出函数值。因而要循环 5 次。输出 1~5 的平方值。而在例 9.10 中宏调用时,只作代换。T(i++)被代换为((i++) * (i++))。在第一次循环时,由于 i 等于 1,其计算过程为:表达式中前一个 i 初值为 1,然后 i 自增 1 变为 2,所以表达式中第 2 个 i 初值为 2,两相乘的结果也为 2,然后 i 值再自增 1 变为 3。在第二次循环时,i 值已有初值为 3,因此表达式中前一个 i 为 3,后一个 i 为 4,乘积为 12,然后 i 再自增 1 变为 5。第三次循环时,由于 i 值已为 5,计算表达式的值为 5 * 6 等于 30。i 值再自增 1 变为 6,不再满足循环条件,而退出循环。从以上分析可以看出函数调用和宏调用二者在形式上相似,但本质却是不同的。

(6)宏定义也可用来定义多个语句,在宏调用时,把这些语句又代换到源程序内。

[**例 9.11**] 通过宏展开得到若干个结果示例。

```
/ * example9 – 11 * /
# include < stdio. h >
# define PI 3. 1415926
# define YUAN( R,L,S) L = (2 * (PI) * (R));S = ((PI) * (R) * (R))
void main( )
{
    float r,l,s;
    scanf(" %f" ,&r);
    YUAN(r,l,s);
```

```
        printf("r = %6.1f,l = %6.1f,s = %6.1f",r,l,s);
    }
```

对宏进行预处理后的 main 函数如下：

```
    void main()
    {
        float r,l,s;
        scanf("%f",&r);
        l = 2 * 3.1415926 * r;
        s = 3.1515926 * r * r;
        printf("r = %6.1f,l = %6.1f,s = %6.1f",r,l,s);
    }
```

运行情况如下：

    5.0↙

    r = 5.0, l = 31.4, s = 78.5

使用宏次数较多时，宏展开后源程序会变长，因为每展开一次都会使程序增长，但是宏替换不占运行时间，只占编译时间。这都是宏替换与函数的区别。

本章小结

预处理功能是 C 语言特有的功能，它是在对源程序正式编译前由预处理程序完成的。宏定义是用一个标识符来表示一个字符串，这个字符串可以是常量、变量或表达式。宏定义可以带有参数，宏调用时是以实参代换形参，而不是"值传送"。为了避免宏代换时发生错误，宏定义中的字符串应加括号，字符串中出现的形式参数两边也应加括号。

使用预处理功能便于程序的修改、阅读、移植和调试，也便于实现模块化程序设计。

项目实训九

1. 实训目标

(1)掌握 C 语言预处理命令的主要功能。

(2)掌握不带参数的宏的定义和使用方法。

(3)掌握带参数的宏的定义和使用方法。

2. 实训内容

题目 1　写出以下程序运行的结果。

```
#define R 5.0
#define PI 3.1415926
#define S PI * R * R
#define L 2 * PI * R
#include < stdio.h >
void main( )
{
    printf(" L = %f S = %f\n",L,S);
}
```

题目 2　写出以下程序运行的结果。

```
#define MIN(x,y) (x) < (y)? (x):(y)
#include < stdio.h >
void main( )
{
    int a,b,k;
    a = 10;b = 15;
    k = 10 * MIN(a,b);
    printf(" %d\n",k);
}
```

题目 3　写出以下程序运行的结果。

```
#define M(a) a * (a - 1)
#include < stdio.h >
void main( )
{
    int x = 1,y = 2;
    printf(" %d\n",M  (1 + x + y));
}
```

题目 4　写出以下程序运行的结果。

```
#define T(x,y,z) x * y + z
```

```
#include < stdio. h >
void main( )
{
    int a = 3,b = 2,c = 1;
    printf(" %d\n" ,T(a + b,b + c,c + a));
}
```

题目 5 写出以下程序运行的结果。

```
#define a      5
#define M1    a * 3
#define M2    a * 2
#include < stdio. h >
void main( )
{
    int t;
    t = M1 + M2;
    printf(" %d\n" ,t);
}
```

题目 6 请设计输出实数的格式,实数用"%8.2f"格式输出。要求:

(1)一行输出 2 个实数;

(2)一行内输出 4 个实数。

练习与提高

1. 选择题

(1)下面叙述中正确的是(   )。

　　A. 带参数的宏定义中参数是没有类型的

　　B. 宏展开时将占用程序的运行时间

　　C. 宏定义命令是 C 语言中的特殊语句

　　D. 使用#include 命令包含的头文件必须以".h"为扩展名

(2)下面叙述中正确的是(   )。

　　A. 宏定义是 C 语句,必须要在行末加上分号

　　B. 可以使用#undef 命令来终止宏定义的作用域

　　C. 进行宏定义时,宏定义不能层层嵌套

　　D. 程序中用双引号括起来的字符串内的字符,与宏名相同的要进行置换

(3)下面叙述中不正确的是(   )。

　　A. 函数调用时,先求出实参表达式,再带入形参。而使用带参的宏只是进行简单的
　　　　字符替换

B. 函数调用是在程序运行时处理的,分配临时内存单元。而宏展开则是在编译时进行的,在展开时也分配内存单元,进行值传递

C. 函数中的实参和形参都要定义类型,二者的类型要求一致,而宏不存在类型问题,宏没有类型 D. 调用函数只可得到一个返回值,用宏可以设法得到几个结果

(4)下面叙述中不正确的是(　　)。

A. 使用宏的次数较多时,宏展开后源程序长度增长。而函数调用不会使源程序变长

B. 函数调用是在程序运行时处理的,分配临时的内存单元。而宏展开则是在编译时进行的,在展开时不分配内存单元,不进行值传递

C. 宏替换占用编译的时间

D. 函数调用占用编译的时间

(5)下面叙述中正确的是(　　)。

A. 可以把 define 和 if 定义为用户的标识符

B. 可以把 define 定义为用户标识符,但不能把 if 定义为用户的标识符

C. 可以把 if 定义为用户标识符,但不能把 define 定义为用户的标识符

D. define 和 if 都不能定义为用户的标识符

(6)下面叙述中正确的是(　　)。

A. #definc 语句和 printf 语句都是 C 语句

D. #define 是 C 语句,而 printf 不是

C printf 语句是 C 语句,但#define 语句不是

D. #define 和 printf 都不是 C 语句

(7)下面叙述中正确的是(　　)。

A. 用#include 包含的头文件扩展名不可以是".a"

B. 如果一些源程序中包含某个头文件;当该头文件有错时,只需对该头文件进行修改,包含此头文件所有源程序不需要重新进行编译

C. 宏命令行是一行 C 语句

D. C 编译中的预处理是在编译之前进行的

2. 编程题

(1)输入两个整数,求它们相除的余数。(要求:用带参数的宏来实现)

(2)已知三角形的三边 a、b、c,在程序中用带实参的宏名来求三角形的面积 area。(提示:,其中,定义两个带参数的宏,一个用来求 s,另一个用来求 area。)

(3)输入年份 year,自定义一个宏,判别该年份是否闰年。(提示:可以定义宏名为 LY,形参为 a. 既定义宏的形式为:#defineLY(a)(请读者设计字符串),在程序中可以用以下语句输出结果:

if(LY(year))printf("%d is a leap year",year);else printf("%d is not a leap year",year);)

第 10 章 文 件

  C 语言是一种具有丰富数据类型的程序设计语言,它不但包含用来描述各种简单型数值的基本数据类型,如 int、float、double 和 char 等,还具有用于组织各种数据关系的复合型数据类型,如数组类型、结构体类型和可以构成链表组织方式的类型。它们是 C 程序处理数据的基础,是决定 C 程序处理能力的重要因素。前面我们学习的实例可以发现,采用这些数据类型的变量表示的数据,系统的基本处理过程为:当程序运行时为变量分配存储空间,然后,对变量进行输入、赋值、判断、计算和输出等一系列操作;当程序结束运行后,系统将自动地回收全部存储空间。当然,保留在各个变量中的数据也随之消失。如果希望看到处理的结果,就需要再次运行程序。造成这种现象的关键是数据的生存完全依赖于程序,即数据与程序紧紧地捆绑在一起,无法独立的存在。如果需要将处理结果永久地保留起来或需要反复处理一组数据时极其不方便,C 语言提供的文件结构体恰恰就解决了这个问题,它可以用来组织存储在外部介质上的数据集合,使数据最终摆脱对程序的依赖而独立存储。本章主要介绍文件的定义、文件的分类及对文件的基本操作方法。与其他程序设计语言一样,C 语言也提供了强大的文件处理机制,下面我们将围绕如何对文件操作展开详细介绍。通过对本章的学习,读者可了解文件的基本类型,了解文件打开和关闭函数的使用方法,了解各种操作文件函数的功能,并能够在编写程序中正确地使用各种文件操作函数。

  例如,在某一程序运行时需存储(调用)程序的过程数据、中间结果或最终结果,应如何处理呢?

  在以前所学习的章节中用到的输入和输出都是以终端为对象,即从键盘或其他设备输入数据,并且将运行结果输出到其他显示终端上。但在某些程序运行时,常常需要将一些过程数据、中间结果或最终结果输出到磁盘上存放起来,待需要时再从磁盘中调入到计算机的内存中等待处理,这就需要用到文件来处理此过程。首先,了解一下什么是文件。

10.1 任务 1 了解文件的类别和操作文件的方法

  文件是指存储在外部介质上的有序数据的集合。文件中保存的数据有着严格的排列次序,要访问文件中的数据,必须按照它们的排列顺序,依次进行访问。这个有序的数据集有一个唯一的名称,叫做文件名。文件名就是文件为外界提供识别自身的一种手段。

  一般来说文件名称主要包括三个要素:

  (1)文件路径,是指文件在外部存储器中的位置,路径一般以分隔符"\"来体现存储位置及层次,如 C:\Program Files\Real\RealPlayer。

(2)主文件名,是文件名称的主要部分,其命名规则遵循一般标识的命名规则,长度上可不受限制,但一般前 8 个字符为有效字符;在实际运用中主文件名最好使用能够反映文件意义或目的的词汇。

(3)文件扩展名,是出现在主文件名之后并用英文句号".."来连接的特殊要素:扩展名主要用来反映文件的类型或性质。如 Java 源程序文件的扩展名为.java。

D:\Program Files\file\copy.txt

　　　　　文件路径　文件名 扩展名

表示 copy.txt 文本文档文件存放在 D 盘中的 Program Files 目录下的 file 子目录下面。

实际上,在前面的各章中已经多次使用了文件这一概念,而在 C 语言中则把文件看做由一些连续有序字符(字节)组成的集合体。

10.1.1　文件的类别

在计算机领域中,常用"文件"这个术语来表示输入输出对象。例如用编辑程序软件编写的一个源程序就是一个文件,把它存放到磁盘上就是一个磁盘文件。从广义上说,所有输入输出设备都可被看做文件。计算机就以这些设备为对象进行输入输出,对这些设备的处理方法统一按照文件的方式处理。

可以从以下几个方面对文件进行分类:

(1)按文件所依附的介质来分:有卡片文件、纸带文件、磁带文件、磁盘文件等。

(2)按文件的内容分:有源程序文件、目标文件、数据文件等。

(3)按文件中的数据组织形式来分:有 ASCII 文件和二进制文件。

ASCII 文件也称为文本文件,即每一个字节存放一个字符的 ASCII 码值。那么一个数据在磁盘上是如何存储的? 字符一律以 ASCII 形式存储,数值型数据既可用 ASCII 形式存储也可用二进制形式存储。这种文件在磁盘中存放时每个字符对应一字节,每一字节存储一个 ASCII 码值。

[**例 10.1**]数 5678 的存储形式。

ASCII 码:	00110101	00110110	00110111	00111000
	↓	↓	↓	↓
十进制码:	5	6	7	8

共占用 4 字节。

用 ASCII 码形式输出时,字节与字符一一对应。每字节代表一个字符,因而便于对字符进行逐个处理,也便于输出字符。但其占存储器空间较多,而且要花费一定的转换时间(即二进制与 ASCII 码间的转换)。

数据在内存中是以二进制形式存储的,如果不加转换地输出到外存储器,就是一个二进制文件,可以认为它就是存储在内存的数据的映像,也称之为映像文件。

二进制文件是按二进制的编码方式来存放文件的。

[**例** 10.2]数 5678 的二进制存储形式为

00010110　　00101110

只占 2 字节。

用二进制形式输出数值,可以节省外存储器的空间和转换时间,把内存储器中存储单元的内容毫无变动地输出到磁盘(或其他的外部介质)上,此时每一字节并不一定代表一个字符。二进制文件虽然也可在屏幕上显示,但其内容无法读懂。系统在处理这些文件时,并不区分类型,而是都看成字符流,按字节进行处理。

如果程序在运行过程中有的中间数据需要保存在外部介质上,在需要使用时再次输入到内存储器中使用,一般采用二进制文件比较方便。并且在一些事务管理中,常有大量数据存放在磁盘上,随时调入计算机进行查询或处理,然后再把修改的信息存放回磁盘,这也常用二进制文件来处理。

10.1.2　操作文件

在 C 语言中,对文件的存取是以字符(字节)为单位的。输入输出数据开始和结束仅受程序控制,而不受物理符号控制。

C 语言处理文件的方式有两种:一种是"缓冲文件系统",另一种是"非缓冲文件系统"。

(1)缓冲文件系统:是指系统自动地在内存区为每一个正在使用的文件开辟一个缓冲区。从内存向磁盘输出数据必须先送到内存中的缓冲区,待装满缓冲区后再一起送到磁盘。如果内存从磁盘读入数据,则从磁盘文件中先将一批数据输入到内存缓冲区,然后再从缓冲区逐个地将数据送到程序数据区。图 10 - 1 所示为缓冲文件系统示意图。

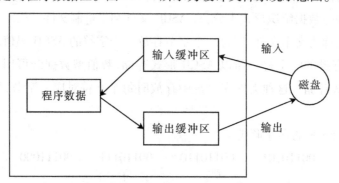

图 10 - 1　缓冲文件系统示意图

(2)非缓冲文件系统:是指系统不自动开辟确定大小的缓冲区,而是由程序自身为每一个文件设定确定大小的缓冲区,它占用的是操作系统的缓冲区,而不是用户存储区。非缓冲文件系统依赖于操作系统,通过操作系统的功能对文件进行读/写,是系统级的输入/输出,它不设文件结构体指针,虽只能读/写二进制文件,但效率高、速度快。

10.1.3　文件指针

缓冲文件系统中,关键的概念是"文件类型指针",简称"文件指针"。每个被使用的文件都在内存中开辟一个相应的文件信息区,用来存放文件的有关信息。这些信息保存在一个结构体变量中。该结构体类型是由系统声明的,取名为 FILE。

其文件类型声明如下:

```
typedef struct
{
    short level;                 /*缓冲区"满"或"空"的程度*/
    unsigned flags;              /*文件状态标志*/
    char id;                     /*文件描述符*/
    urlsigned char hold;         /*如缓冲区无内容不读取字符*/
    short bsizc;                 /*缓冲区的大小*/
    unsigned char * buffer;      /*数据缓冲区的位置*/
    unsigned char * curp;        /*指针当前的指向*/
    unsigned istetnp;            /*临时文件指示器*/
    short token;                 /*用于有效性检查*/
}FILE;
```

声明 FILE 结构体类型的信息包含在头文件"stdio.h"中。在编写程序文件中可以直接用 FILE 类型名定义变量:如:

```
FILE f1;
```

定义了一个结构体变量 f1,用它来存放文件的有关信息。这些信息是在打开文件时由系统根据文件的情况自动载入的,用户不必设置。

但在实际编程中一般不对 FILE 类型变量命名,也就是不通过变量名来引用这些变量,而是设置一个指向 FILE 类型变量的指针变量,然后通过指针变量来引用这些 FILE 类型变量。

下面定义一个指向文件类型数据的指针变量:

```
FILE * fp;
```

定义 fp 是一个指向 FILE 类型数据的指针变量。此 fp 指针变量可指向文件的文件信息区。也就是说,通过该文件信息区中的信息就能够找到与它关联的文件。

为方便起见,通常将这种指向文件信息区的指针变量简称为指向文件的指针变量。

注意:指向文件的指针变量并不是指向外部介质上的数据文件的开头,而是指向内存中的文件信息区的开头。

10.1.4　打开与关闭文件

对文件操作要遵循以下规则:打开文件→操作文件→关闭文件。

(1)打开文件:用标准库函数 fopen() 打开文件,它通知编译系统三个信息:即打开的文件名;使用文件的方式;使用的文件指针。

（2）操作文件：是对文件进行读、写、追加和定位等操作。

（3）关闭文件：用标准函数 fclose( )将文件关闭。其功能是把数据真正写入磁盘（否则数据可能还在缓冲区），切断文件指针与文件名之间的联系，释放文件指针。如果不关闭文件，则可能全丢失数据。

"打开"和"关闭"只是一种形象的说法。所谓"打开"是指为文件建立相应的信息区（用来存放有关文件的信息）和文件缓冲区（用来暂时存放输入输出的数据）。在编写程序或打开文件的同时，都指定一个指针变量指向该文件，其目的是建立起指针变量与文件之间的联系。这样，就可以通过该指针变量对文件进行读/写。所谓"关闭"是指撤销文件信息区和文件缓冲区，切断文件指针与文件名之间的联系，显然就无法再进行对文件的读/写了。

用 fopen( )函数打开数据文件，fopen( )函数的调用方式为

  fopen(文件名,使用文件方式)；如：fopen(" a1" ," r")；

表示用"读入"的方式打开名字为"a1"的文件。fopen 函数的返回值是指向 a1 文件的 fp 指针变量（即 a1 文件信息区的起始地址）。如：

  FILE ∗ fp；   /∗定义一个指向文件的指针变量 fp

  fp = fopen(" a1" ," r")； /∗将 fopen( )函数的返回值赋给指针变量 fp

可以看出 fp 指针指向 a1 文件；在打开 a1 文件时，通知编译系统以下 3 个信息：①打开 a1 文件；②确定使用 a1 文件的方式（"读"还是"写"等）；③使 fp 指针变量指向被打开的 a1 文件。使用文件方式如表 10 – 1 所示。

表 10 – 1 fopen 函数中的文件使用方法

使用方式	含 义	说 明
"r" 只读	打开文本文件,只读	如果指定文件不存在,则出错
"w" 只写	打开文本文件,只写	新建一个文件。如果指定文件已存在,则删除,再新建
"a" 追加	打开文本文件,追加	如果指定文件不存在,则创建该文件
"rb" 只读	打开二进制文件,只读	如果指定文件不存在,则出错
"wb" 只写	打开二进制文件,只写	新建一个文件。如果指定文件已存在,则删除,再新建
"ab" 追加	打开二进制文件,追加	如果指定文件不存在,则创建该文件
"r +" 读写	打开文本文件,读、写	如果指定文件不存在,则出错
"w +" 读写	打开文本文件,读、写	新建一个文件。如果指定文件已存在,则删除,再新建
"a +" 读追加	打开文本文件,读、追加	如果指定文件不存在,则创建该文件
"rb +" 读写	打开二进制文件,读、写	如果指定文件不存在,则出错
"wb +" 读写	打开二进制文件,读、写	新建一个文件。如果指定文件已存在,则删除,再新建
"ab +" 读追加	打开二进制文件,读、追加	如果指定文件不存在,则创建该文件

①用"r"方式打开的文件,只能用于向计算机输入而不能用于向该文件输出数据,而且该文件必须已经存在,并存有数据,这样才能从文件中读出数据。

②用"w"方式打开的文件只能用于向该文件写数据,而不能用于向计算机输入。如果原来不存在该文件,则在打开文件前新建立一个以指定名字命名的文件。如果原来已存在一个以该文件名命名的文件,则在打开文件前先将该文件删去,再重新建立一个新文件。

③如果希望向文件末尾添加新的数据(不希望删除原有数据),则应该用"a"方式打开。但此时应保证该文件已存在;否则将得到出错信息。打开文件时,文件读写位置标记移到文件末尾。

④用"r+","w+","a+"方式打开的文件既可用来输入数据,也可用来输出数据。用"r+"方式时该文件应该已经存在。用"w+"方式则新建立一个文件,先向此文件写数据,然后可以读此文件中的数据。用"a+"方式打开的文件,原来的文件不被删去,文件读写位置标记移到文件末尾。

⑤如果不能实现"打开"的任务,fopen()函数将会带回一个出错信息。出错的原因可能是:用"r"方式打开一个并不存在的文件,磁盘出故障,磁盘已满无法建立新文件等。此时fopen()函数将带回一个空指针值 NULL(在 stdio. h 头文件中,NULL 已被定义为 0)。

常用下面的方法打开一个文件:

```
if((fp = fopen(" filel" ," r" )) == NULL)
    {
        printf(" cannot open this file\n" );
        exit(0);
    }
```

即先检查打开文件的操作是否出错,如果有错就在终端上输出"cannot open this file"。exit()函数的作用是关闭所有文件,终止正在执行的程序,待用户检查出错误,修改后重新运行。

⑥计算机从 ASCII 文件读入字符时,遇到回车换行符时,系统将把它转换为一个换行符,在输出时把换行符转换成为回车和换行两个字符。在用二进制文件时,不进行这种转换,在内存中的数据形式与输出到外部文件中的数据形式完全一致。

⑦程序中可以使用 3 个标准的流文件——标准输入流、标准输出流、标准出错输出流。系统已对这 3 个文件指定了与终端的对应关系。程序开始运行时系统自动打开这 3 个标准流文件。因此,程序编写者不需要在程序中用 fopen()函数打开它们。

用 fclose()函数关闭数据文件。

在使用完一个文件后应该关闭它,以防止它再被误用。"关闭"就是撤销文件信息区和文件缓冲区,使文件指针变量与文件"脱钩"。此后不能再通过该指针对原来与其相联系的文件进行读写操作,除非再次打开,使该指针变量重新指向该文件。

关闭文件可用 fclose()函数,fclose()函数调用的一般形式为:

fclose(文件指针);如:fclose(fp);

表示关闭了 fp 指针指向的文件。

如果不关闭文件将会丢失数据。因为,在向文件写数据时,是先将数据输出到缓冲区,待缓冲区充满后才正式输出给文件。如果当数据未充满缓冲区而结束程序运行,就有可能使缓冲区中的数据丢失。有的编译系统在程序结束前会自动先将缓冲区中的数据写到文件,从而避免了这个问题,但还是应当养成在程序终止之前关闭所有文件的习惯。

Fclose( )函数也带回一个值,当成功地执行了关闭操作,则返回值为 0;否则返回 EOF (-1)。

10.2　任务 2　掌握如何读/写文件

打开文件后就可以对它进行读/写操作了。读/写文件的方式是借助于 C 语言系统提供的多种函数来完成的。

读/写顺序文件:是指对文件的访问要按照数据在文件中的实际存放次序来进行,而不允许文件指针以跳跃的方式来读取数据或插入数据到文件任意位置。当顺序读取文件时只有排在前面的数据被读完后,才能读取后面的数据。当对文件顺序写入时只能用追加的方式写入,而不允许用插入的方式写入。

根据文件顺序读/写的信息规模,可将顺序读/写文件的函数分为如下形式:①字符读/写函数;②字符串读/写函数;③格式化读/写函数。

10.2.1　字符读/写函数

1. 读取文件中一个字符的函数 fgetc( )

fgetc( )函数可实现从一个指定的文件中读取一个字符数据的功能。

fgetc( )函数定义为:

　　char fgetc(FILE * fp);

其调用方式为

　　FILE * fp;

　　char c;

　　c = fgetc(fp);

fgetc( )函数返回读取的字符。如果文件位置指针移到了文件结尾,则返回 EOF(EOF 是 stdio.h 文件中定义的符号常量,其值为 1)。EOF 用于判断文件是否结束,其只适用于文本文件,而不适用于二进制文件。

对于 fgetc( )函数的使用有以下几点说明:

(1)利用 fgetc( )函数读取的文件,必须是以读或读/写方式打开。

(2)读取字符的结果可以不向字符变量赋值,但是读出的字符不能保存。

(3)在文件内部有一个位置指针。用来指向文件的当前读/写字符。在文件打开时该指针总是指向文件的第一个字符。使用 fgetc( )函数后,该位置指针将向后移动一个字符。因此,可连续多次使用 fgetc( )函数,读取多个字符。

2. 写入一个字符到文件的函数 fputc( )

fputc( )函数是实现将一个字符数据写入指定文件中。

fputc( )函数定义为：

```
char fputc( char c,FILE * fp) ;
```

其调用方式为：

```
FILE * fp;
char c;
fputc( c,fp) ;
```

fputc( )函数具有返回值,当向文件输出字符成功,则返回输出的字符。如果输出失败,则返回一个 EOF。

对于 fputc( )函数的使用有以下几点说明：

(1)被写入的文件可以用写、读/写、追加方式打开,用写或读/写方式打开一个已存在的文件时将清除原有的文件内容,写入字符从文件首开始。如果需要保留原有文件内容,则写入的字符从文件末开始存放,但必须以追加方式打开文件。被写入的文件若不存在,则创建该文件。

(2)每写入一个字符,文件内部位置指针向后移动一字节。

注意:文件指针和文件内部的位置指针不是一回事。文件指针是指向整个文件的,需在程序中定义说明,只要不重新赋值,文件指针的值是不变的。文件内部的位置指针是指示文件内部的当前读写位置,每读/写一次,该指针均向后移动,它不需在程序中定义说明,而是由系统自动设置的。

[例 10.3] 将 file1. dat 中的信息复制到 file2. dat 中。file1. dat 的内容为"hello word !"。

程序如下

```
#include < stdio. h >
#include < stdlib. h >
int main( )
{
    FILE * in, * out;
    char ch,infile[ 10] ,outfile[ 10] ;
    printf( "输入读入文件的名称:" ) ;
    scanf ( "%s" , infile) ;
    printf( "输出输出文件的名称:" ) ;
    scanf( "%s" , outfile) ;
    if( ( in = fopen( infile," r" ) ) == NULL)
    {
        printf( "无法打开此文件\n" ) ;
        exit(0) ;
    }
    if( ( out  = fopen( outfile," w" ) ) == NULL)
```

```
        }
            printf("无法打开此文件\n");
            exit(0);
        }
        while( ! feof(in))
        {
            ch = fgetc(in);
            fputc(ch,out);
            putchar(ch);
        }
        putchar(10);
        fclose(in);
        fclose(out);
        return 0;
    }
```

运行结果：

    输入读入文件的名称:file1.dat↙
    输入输出文件的名称:file2.dat↙
    hello word!

程序分析：

(1)程序开始时"文件读写位置标记"指向第 1 个字节,每访问完一个字节后,当前读/写位置就指向下一个字节,即当前读/写位置自动后移。

(2)用 feof()函数可以检查到文件读写位置标记是否移到文件的末尾,即磁盘文件是否结束程序的 feof(in)是检查 in 所指向的文件是否结束。如果是,则函数值为1(真)执行循环体,否则为(假)。

(3)以上程序是按文本文件方式处理的。也可以用此程序来复制一个二进制文件,只需将两个 fopen()函数中的"r"和"w"分别改为"rb"和"wb"即可。

(5)C 系统已把 fputc()和 feetc()函数定义为宏名 putc 和 getc：

    #define   putc(ch,fp)   fputc(ch,fp)
    #define   getc(fp)   fgetc(fp)

这是在 stdio.h 中定义的。因此,在程序中用 putc 和 fputc 作用是一样的,用 getc 和 fgetc作用也是一样的。在使用的形式上,可以把它们当做相同的函数。

10.2.2 字符串读/写函数

1.读取文件中一个字符串的函数 fgets()

fgets()函数可实现从指定的文件中读取指定长度字符串。

fgets()函数的原型定义为：

    char * fgets(char * str,int n,FILE * fp);

其中参数 str 为字符数组,用来存放文件中读取出来的字符串;参数 n 则指定要获取字符串的长度。实际上 fgets( )函数最多只能从文件中获取 n - 1 个字符,因为在读取字符串最后位置的后面,系统将自动添加一个'\0'字符。

fgets( )函数在执行成功以后,会将字符数组 str 的地址作为返回值,如果读取数据失败或一开始读取就遇到了文件结束符,则返回一个 NULL 值。

对 fgets( )函数有两点说明:

(1)读出 n - 1 个字符前,如果遇到了换行符或 EOF,则读出结束。

(2)fgets( )函数也有返回值,其返回值是字符数组的首地址。

2. 写入一个字符串到文件的函数 fputs( )

fputs 函数可实现将一个字符串写入指定文件中。

fputs( )函数的原型定义为:

```
int fputs( char * str,FILE * fp);
```

fputs( )函数具有整型的返回值,当向文件输出字符串操作成功时,则返回 0 值,如果输出失败,则返回一个 EOF(- 1)。

[例10.4]从键盘输入学生信息(学号、姓名、3 科成绩),当输入空字符串时退出输入,调用 fput( )函数将学生信息写入 student. txt 的文本文件中,然后用 fgets( )函数,读取 student. txt 中信息显示在屏幕上。

程序代码如下:

```
#include  < stdio. h >
#include  < stdlib. h >
main( )
{
    FILE * fp;
    int i,n =0;
    char stu[50];
    if( ( fp = fopen(" student. txt" ," w" ) ) == NULL)
    {
        printf(" can not open the file. \n" );
        exit (0);
    }
    printf(" 请输入学号姓名和 3 科的成绩:\n" );
    gets(stu);
    while( strcmp(stu," " )!  =0)
    {
        fputs(stu,fp);
        fputc('\n',fp);
        printf(" 请输入学号姓名和 3 科的成绩:\n" );
        gets(stu);
```

```
            }
        fclose(fp);
        fp = fopen(" student. txt" ," r" );
        if( fp == NULL)
        {
            printf(" can not open this file. \n" );
            exit (0);
        }
        while(feof(fp) ==0)
        {
            fgets(stu,50,fp);
            n ++ ;
        }
        fclose(fp);
        fp = fopen(" student. txt" ," r" );
        if( fp == NULL)
        {
            printf(" can not open this file. \n" );
            exit (0);
        }
        for(i =1;i < = n;i ++ )
        {
            fgets(stu,50,fp);
            printf(" %s" ,stu);
        }
        fclose(fp);
    }
```

运行结果：

请输入学号姓名和 3 科的成绩：

20100101 Zhang Hua 60 70 80↙

请输入学号姓名和 3 科的成绩：

20100102 Li Mi 80 85 90↙

请输入学号姓名和 3 科的成绩：

20100103 Wang Hai 75 70 68↙

请输入学号姓名和 3 科的成绩：

20100101 Zhang Hua 60 70 80

20100102 Li Mi 80 85 90

20100103 Wang Hai 75 70 68

程序分析：

（1）执行 fgets(stu,50,fp)语句,表示从 fp 所指向的文件中,读入 49 个字符放入数组 stu（最后一个字节留作存放'\0'）。

（2）程序执行 fputs(stu,fp)时,就会将数组 stu 中的字符串写到 fp 所指的文件中。

（3）执行 fputc('\n',fp)语句,在每次写入的字符串后都加上" \n",可使写入文件的字符串各占一行。

（4）程序中 while 循环的功能是统计文件中记录的个数,n 的值比实际记录多 1,因为在文件中每写入一个记录,都执行 fPutc('\n',fp)语句,人为地增加一个" \n"用于换行,所以最后一个记录的" \n"使文件增加了一个空行。

10.2.3　格式化读/写函数

C 语言为按一定格式输入输出数据的操作提供了 fscanf( )函数和 fPtintf( )函数。这两种函数与函数 scanf( )和函数 printf( )的作用与用法极为相似,它们也都是格式化读/写数据的函数。但是,它们的读/写对象不是终端设备,而是磁盘文件。

1. 格式化输入函数 fscanf( )

fscanf( )函数可实现从指定的文件中将一系列指定格式的数据读取出来。

fscanf( )函数的原型定义为:

```
int fscanf(FILE * fp,char * format[ ,argument1,argument2,……argumentm]);
```

fscanf( )函数从文件指针 fp 指向的文件中,按照 format 规定的格式,将 m(m >= 1)个数据读取出来,并分别放入到对应的 m 个变量 argumentk(1 <= k <= m)中。

fscanf( )函数的原型可简单描述为:

```
int fscanf(文件指针,格式字符串,输出表列);
```

2. 格式化输出函数 fprintf( )

fprintf( )函数是实现将一系列格式化的数据写入到指定文件中去。

fprintf( )函数的原型定义为:

```
int fprintf (FILE * fp,char * format[ argumentl,argument2, …… argumentm]);
```

fprintf( )函数将 m(m >= 1)个变量 argument1、argument2、…、argumentm,按照 format 规定的格式,写入文件指针 fp 指向的文件中。

fprintf( )函数的原型可简单描述为:

```
int fprintf(文件指针,格式字符串,输出表列);
```

[例 10.5]编写一个程序,使用 fscanf( )和 fprintf( )函数从键盘输入一个字符串和一个整数并写到一个磁盘文件中,然后再将它们从文件中读出并显示在屏幕上。

程序代码如下:

```
#include < stdio. h >
#include < string. h >
main( )
{
    char  * str;
```

```
        long a;
        FILE * fp;
        if( ( fp = fopen(" tt. txt" ," w" ) ) == NULL)
        {
            printf(" cannot open tt! \n" );
            exit(1);
        }
        fscanf( stdin," %s%d" ,str,&a);
        fprintf( fp," %s \t%d" ,str,a);
        fclose( fp);
        if( ( fp = fopen(" tt. txt" ," r" ) ) == NULL)
        {
            printf(" cannot open tt! \n" );
            exit(1);
        }
        fscanf( fp," %s%d" ,str,&a);
        fprintf( stdout," %s \t%d" ,str,a);
        fclose( fp);
    }
```

10.3　任务 3　文件的综合应用举例

工作情景一　计算学生平均成绩并将原数据及平均成绩保存

[**例 10.6**]有 5 个学生,每个学生有 3 门课程的成绩,从键盘输入数据(其中包括学生学号姓名和三门课程的成绩),计算出平均成绩,将原有数据和计算出的平均成绩存在文件"stud"中(平均成绩 =3 科成绩总和/3)。

解题思路:用结构体保存学生信息,用 for 循环求平均成绩,用 fwrite( )函数将信息写入义件。

参考程序如下:

```
#include < stdio. h >
#define SIZE 5
struct student
{
    char name[10];
    int num;
    int score[3];
    int ave;
```

```
    }
struct student stud[SIZE];
void main()
{
    void save();
    int i,sum[SIZE];
    FILE * fp1;
    for(i=0;i<SIZE;i++)
    sum[i]=0;
    for(i=0;i<SIZE;i++)
        {
        scanf("%s %d %d %d %d",stud[i].name,&stud[i].num,&stud[i].score[0],
        &stud[i].score[1],&stud[i].score[2]);
        sum[i]=stud[i].score[0]+stud[i].score[1]+stud[i].score[2];stud[i].ave=
        sum[i]/3;
        }
    save();
        fp1=fopen("stu.dat","rb");
        printf("\n 姓名   学号 成绩1 成绩2 成绩3 平均分\n");
        printf("---------------------------------\n");
    for(i=0;i<SIZE;i++)
        {
        fread(&stud[i],sizeof(struct student),1,fp1);
        printf("%-10s%3d%5d%5d%5d%5d \n",stud[i].name,stud[i].num,
        stud[i].score[0],stud[i].score[1],stud[i].score[2],stud[i].ave);
            }
        fclose(fp1);
        }
void save()
{
    FILE * fp;
    int i;
    if((fp=fopen("stu.dat","wb"))==NULL)
        {
        printf("此文件不能打开,出错! \n");
        exit(0);
        }
    for(i=0;i<SIZE;i++)
    if(fwrite(&stud[i],sizeof(struct student),1,fp)! =1)
```

```
        {
            printf("文件写入数据时出错！\n");
            exit(0);
        }
        fclose(fp);
}
```

工作情景二　将原数据分组、排序再按新排列顺序存储

[例 10.7]有一文件名称为 source. dat 的顺序文本文件,其中存放着 60 个整数数据。顺序读出 source. dat 文件中的 60 个整数数据,将它们平均分为三组。假设分出三个数据组按先后次序分别成为 A 组、B 组、C 组,试编写程序实现对 A、B、C 三组数据进行以下处理:

①A 组与 C 组位置对换,但每组的数据均保持原有排列顺序;

②对 B 组数据进行逆序排列,但 B 组数据在整体数据中位置不变;

③将以上处理完的数据写入另一个名为"destination. dat"的顺序文本文件中,并存到 C 盘根目录下。(输出结果顺序为 C、B(逆序)、A,各组均有 20 个数据)

解题思路:

(1)首选要读取文件 source. dat 中的数据到内存中(此处应采用数组)。

(2)编写算法,先完成 A 组与 C 组数据的位置对换,再完成 B 组数据的逆转运算。

(3)至此,已经完成三组数据中 A 组与 C 组数据的对换及 B 组数的逆转,还需要将处理的结果数据存入 destination. dat 文件中。

(4)关闭打开的文件。

参考程序如下:

```
#include < stdio. h >
void process( int a[ ])
{
    int temp, element, i;
    int aid = 0, cid = 40, bsid = 20, beid = 39;
    for ( i = 0; i < 20; i ++ )
    {
        temp = a[ aid ];
        a[ aid ++ ] = a[ cid ];
        a[ cid ++ ] = temp;
    }
    for ( i = 0; i < 10; i ++ )
    {
        temp = a[ bsid ];
        a[ bsid ++ ] = a[ beid ];
        a[ beid -- ] = temp;
```

```
        }
    }
void main( )
{
    FILE  * sf , * df ;
    int x[ 60 ] , i ;
    if( ( sf = fopen( " c:\source. dat" ," r" ) ) == NULL)
    {
        printf( " 此文件打开出错!:\n" ) ;
        exit(0) ;
    }
    for ( i = 0 ; i < 60 ; i ++ )
    fscanf( sf, " %d" , ( x + i) ) ;
    process( x) ;
    fclose( sf) ;
    if( ( df = fopen( " c:\destination. dat" ," w" ) ) == NULL)
    {
        printf( " 此文件打开出错!:\n" ) ;
        exit (0) ;
    }
    for ( i = 0 ; i < 60 ; i ++ )
    fprintf( df," %d \n" , x[ i] ) ;
    fclose( df) ;
}
```

本章小结

　　本章着重介绍了文件、文件系统、文件指针、文件的打开和关闭等内容。其中文件的字符、字符串、格式化的输入输出函数,在文件操作中非常重要。

　　无论是文本文件还是二进制文件,在访问之前都要先打开文件,然后才能访问该文件,对文件操作结束后,再关闭该文件。

　　对文件的访问操作包括输入和输出两种操作,输入操作是指从外部文件向内存变量输入数据,输出操作是把内存变量或表达式的值写到外部文件中。

　　通过学习,读者应全面掌握以上内容,结合前几章所学的各种算法,熟练编写各种文件类型的程序。

项目实训十

1. 实训目标

(1)掌握文件和文件指针的概念以及文件的定义方法。

(2)了解文件打开和关闭的概念以及方法。

(3)掌握有关操作文件的函数。

2. 实训内容

(1)从键盘输入一个字符串和一个十进制整数,将它们写入"test"文件中,然后再从"test"文件中读出并显示在屏幕上。

参考程序:

```c
#include < stdio. h >
main( )
{
    FILE * fp;
    char s[80];
    int a;
    if( ( fp = fopen(" test" ," w" ) ) == NULL)
    {
        printf(" cannot open file. \n" );
        exit(1);
    }
    fscanf( stdin," %s%d" ,s,&a);
    fprintf(fp," %s%d" ,s,a);
    fclose(fp);
    if( ( fp = fopen(" test" ," r" ) ) == NULL)
    {
        printf(" cannot open file. \n" );
        exlt(1);
    }
    fscanf(fp," %s%d" ,s,&a);
    fprintf(stdout," %s%d\n" ,s,a);
    fclose(fp);
}
```

(2)从键盘输入一行字符串,将其中的小写字母全部转换成大写字母,然后输出到一个磁盘文件"test"中保存,并检验"test"文件中的内容。

(3)有两个学生,每人有四门课的成绩,从键盘输入学生学号、姓名、四门课成绩,计算出每人平均分并将其和原始数据都存放在磁盘文件"stud"中,并检验"stud"文件的内容。

练习与提高

1. 选择题

(1) 对 C 语言的文件存取方式中,文件(　　　)。

    A. 只能顺序存取

    B. 只能随机存取(也称直接存取)

    C. 可以是顺序存取,也可以是随机存取

    D. 只能从文件的开头存取

(2) C 语言可以处理的文件类型是(　　　)。

    A. 文本文件和数据文件

    B. 文本文件和二进制文件

    C. 数据文件和二进制文件

    D. 以上都不完全

(3) 若要以只读方式打开一个新的二进制文件,则打开时使用的方式字符串是(　　　)。

    A. "wb"　　　　　　　　　　B. "a +"

    C. "rb"　　　　　　　　　　D. "rb +"

(4) 在 C 程序中,可把整型数以二进制形式存放到文件中的函数是(　　　)。

    A. fprintf( ) 函数　　　　　　B. fread( ) 函数

    C. fwrite( ) 函数　　　　　　D. fputc( ) 函数

(5) 下面的程序执行后,文件 test. t 中的内容是(　　　)。

```
#include  < stdio. h >
void fun( char  * fname. ,char  * st)
{
    FILE * myf; int i;
    myf = fopen( fname," w" );
    for( i = 0;i < strlen( st) ;i ++ )
    fputc( st[ i] ,myf);
    fclose( myf);
}
main( )
{
    fun(" test. t" ," new world" );
    fun(" test. t" ," hello," );
}
```

    A. hello,　　　　　　　　　　B. New world hello,

    C. new world　　　　　　　　D. hello,rld

2. 填空题

(1)默认状态下,系统的标准输入文件(设备)是指_____。

(2)默认状态下,系统的标准输出文件(设备)是指_____。

(3)若调用 fputc( ) 的函数输出字符成功,则其返回值是_____。

(4)若 fp 是指向某文件的指针,且已读到该文件的末尾,则 C 语言库函数 feof(fp) 的返回值是_____。

(5)在对文件进行操作的过程中,若要求文件的位置回到开头,应当调用的函数是_____函数。

(6)若要打开 A 盘上 user 子目录下名为 abc. txt 的文本文件进行读/写操作,其函数调用格式是_____。

(7)下面的程序用来统计文件中字符的个数,请填空。

```
#include <stdio. h>
main( )
{
    FILE  *fp;
    long num = 0;
    if( ( fp = fopen( "fname. dat" ,"r" ) ) == NULL)
    {
        printf( "Can't open file! \n" );
        exit(0);
    }
    while _____
    {
        fgetc( fp) ;num ++ ;
    }
    printf( "num = %d \n" ,num);
    fclose( fp) ;
}
```

(8)以下程序中用户由键盘输入一个文件名,然后输入一串字符(用#结束输入)存放到此文件,文件中形成文本文件,并将字符的个数写到文件尾部,请填空。

```
#include <stdio. h>
main( )
{
    FILE *fp;
    char ch,fname[32];int count = 0;
    printf( "Input the filename:" );
    scanf( "%s" ,fname);
    if( ( fp = fopen(_____," w +" ) ) == NULL)
```

```
        {
            printf(" can't open file:%s \n" ,fname) ;exit(0) ;
        {
        printf(" Enter data:\n" ) ;
        while( ( ch = getchar( ) ) ! = " #" )
        {
            fputc( ch,fp) ;
            count ++ ;
        }
        fprintf(_____," \n%d\n" ,count) ;
        fclose( fp) ;
    }
```

第 11 章　应用程序设计综合应用

本章的主要内容是按照软件工程的基本流程,通过"通讯录管理系统"和"职工工资管理系统"的开发过程,综合应用贯穿于本课程的知识点,实现较大型综合程序的设计、编码、测试操作,为巩固 C 语言基础知识、领会模块化结构设计思想、掌握程序开发及测试的基本技能、提高综合运用知识解决实际问题的能力打下坚实的基础。在系统设计、实现过程中,涉及的知识要点以函数、数组、指针及结构体等的综合应用为主,辅以功能模块、多种控制结构及算法的综合运用。

通过前几章的学习,读者应基本掌握了用 C 语言编写简单程序的方法,是否可以利用 C 语言开发较大型的综合性实用程序呢? 本章将设计开发两个管理系统,分别是通讯录管理系统、职工工资管理系统。

11.1　任务 1　开发通讯录管理系统

11.1.1　工作情境描述

公司现有如下软件设备及人员配备,总部下达工程任务,详见说明书,请就此条件开发通讯录管理系统,按照人员配备,遵循工程开发规范说明书的要求,实现系统功能需求:

1. 系统软件环境

操作系统:Windows 2003 Server/ME/XP。

编译环境:Turbo C 3.0/Dev－C ++4.9.9.2/Visual C ++6.0。

2. 人员配备及主要任务

系统开发组总工一名,负责按照《通讯录管理系统概要设计规范说明书》的要求,理解系统功能需求,完成系统功能设计及详细功能模块任务分配,确定数据结构,并实现各个模块接口数据信息交换及模块组装。

系统开发组成员十名,负责按照《通讯录管理系统详细设计规范说明书》的要求,理解模块的具体功能需求,实现本功能模块的编码、运行及测试用例和 Q&A 的编写操作。

3. 规范说明书

(1)通讯录管理系统概要设计规范说明书(部分内容略去)。

①编写规范:在程序主模块中要有对被调模块的函数声明;程序中标识符的命名符合标识符的命名规范;变量名、函数名用小写字母,符号常量用大写字母;避免使用容易混淆的字

符;尽量做到"见名知义";每条语句占用一行;程序段落清晰,定义部分与功能部分分段明确;必要时加入详细的注释说明;做好文档描述等。

②功能需求:本系统需要实现通讯录的录入功能、显示功能、查询功能、删除功能、增加功能、修改已有记录功能、排序功能、正常退出功能等。

(2)通讯录管理系统详细设计规范说明书。

①录入功能:能够通过人机交互,随时实现通讯录的记录录入功能。通讯录每条录入的记录信息包含姓名、性别、电话、地址。

②显示功能:能够显示通讯录中已存在的全部记录信息。可以直接显示录入后的信息,也可以按姓名排序后显示有序的通讯录信息。

③查询功能:能够按照姓名查询通讯录中的明确信息。如果记录不存在,给出提示信息。

④删除功能:能够对通讯录中的记录按照姓名进行删除操作。删除操作将在通讯录中删去包括该姓名在内的全部信息。

⑤添加功能:能够向通讯录中添加记录。可以向无序通讯录中添加,也可以向有序通讯录中添加。

⑥修改功能:能够按照姓名进行记录信息的编辑,确保能够修改因误输入或误操作导致的不准确信息。

⑦排序功能:能够按照姓名进行通讯录内的记录排序功能。

⑧主模块:能够对各个功能模块进行准确调用,并能够对各个模块间接口的数据传递做好协调及信息提示功能。

11.1.2 案 例

依据总部下达的任务书,总工程师需做如下工作。

1.工程需求分析

在制定需求分析说明书后,再结合现有条件制订系统目标、系统技术需求等。

(1)系统目标:本系统提供一个通过计算机人机交互对通讯录进行有效管理的平台,实现对通讯录信息的录入、显示、查询、删除、增加、修改、排序等功能,并能以友好的界面提示信息,为用户的操作提供便利。

(2)系统技术需求:通讯录的每条记录应以结构体为基础定义数据结构;通讯录的每个基本功能尽量实现模块独立化,功能单一化,接口简单化;通讯录以菜单方式显示,并能按需进行功能选择等。

2.工程概要设计

(1)设计思想:本系统开发基于"自顶向下,逐步细化"的模块化设计思想,采用结构化语言实现较大型程序的各个子模块功能开发,创造一个多功能、低耦合的模块化综合性应用系统。

(2)结构化模块设计:对通讯录管理系统的功能进行模块划分,把系统分为 8 个模块,其模块结构图如图 11-1 所示。

(3)数据结构设计:通讯录的每条记录信息包含姓名、性别、电话、地址等,是一个构造数

据结构,每次操作都将它作为一个整体来处理,因而其数据结构定义应使用结构体来实现。其结构体数据类型如下:

```
typedef struct NODEREL
{
    char name[10];
    char sex[5];
    char tele[12];
    char addr[20];
};
```

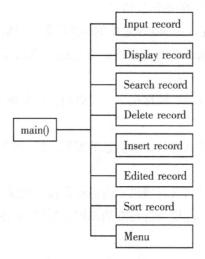

图 11 - 1   模块结构图

3.详细设计及功能模块

依据详细设计规格说明书的要求,本系统采用结构体数组(全局数组)形式处理通讯录的所有记录信息,实现以下 8 个基本功能:

(1)记录录入功能:函数 int input(NODEREL t[]),该函数的功能是提示输入记录条数,确定输入后提示输入每条记录的信息,并返回记录条数,由全局变量 n 存放。其操作界面如图 11 -2 所示.

图 11 -2   记录录入操作界面

（2）记录显示功能：函数 void display（NODEREL t[ ]，int n），该函数显示通讯录已存在的全部记录信息，参数信息传入通讯录数组及已有记录的总条数，不带回任何返回数据。其操作界面如图 11 - 3 所示。

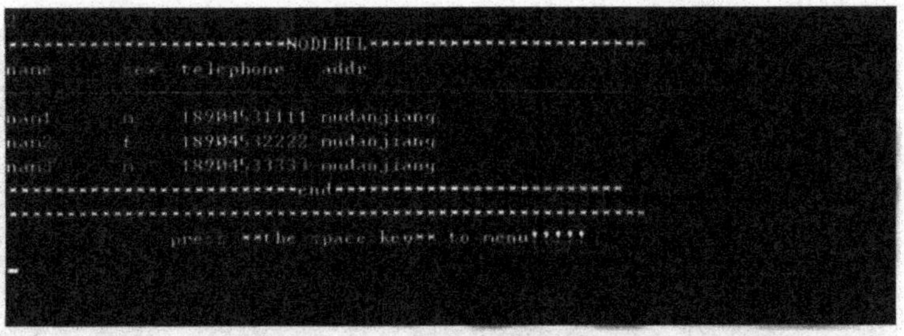

图 11 - 3　记录显示操作界面

（3）记录查询功能：函数 void search（NODEREL t[ ]，int n），该函数通过用户输入的姓名来查找通讯录中是否存在该名称的记录，如果不存在将提示信息，否则，输出查找到的该名称的全部信息。其参数传入通讯录数组并记录总条数，无返回数据信息。其操作界面如图 11 - 4 所示。

图 11 - 4　记录查询操作界面

（4）记录删除功能：函数 int delete（NODEREL t[ ]，int n），该函数通过用户输入的姓名来查找通讯录中是否存在要删除的记录，如果不存在将提示信息，如果存在，将询问是否确实要进行删除操作，输入 1 实现删除操作并提示删除成功信息，否则不进行任何操作。其参数传入通讯录数组及记录总条数，返回操作后的记录条数。其操作界面如图 11 - 5 所示。

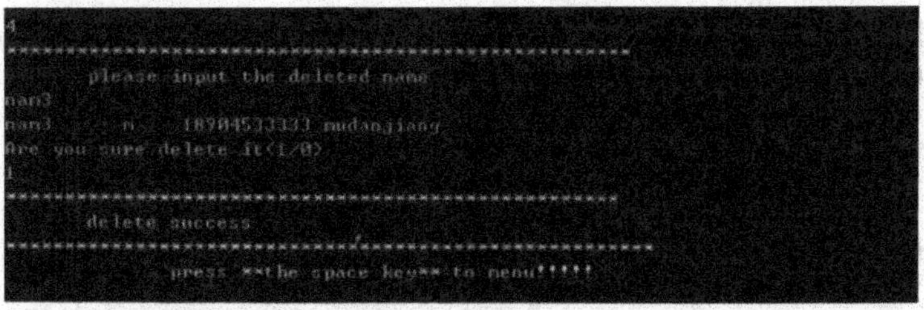

图 11 - 5　记录删除操作界面

(5)记录添加功能:函数 int insert(NODEREL t[ ], int n),该函数提示用户输入记录全部信息,并将记录条数增加,操作成功后输出提示信息。其参数传入通讯录数组并记录总条数,返回操作后的记录条数。其操作界面如图 11 −6 所示。

图 11 −6　记录添加操作界面

(6)记录修改功能:函数 void modnode(NODEREL t[ ], int n),该函数通过用户输入的姓名来查找通讯录中是否存在要修改的记录,如果不存在将提示信息,如果存在,显示该姓名的全部信息,并询问是否确定要编辑该条记录,输入 1 实现修改操作并提示修改成功,否则不进行任何操作。

其参数传入通讯录数组并记录总条数,返回记录条数。其操作界面如图 11 −7 所示。

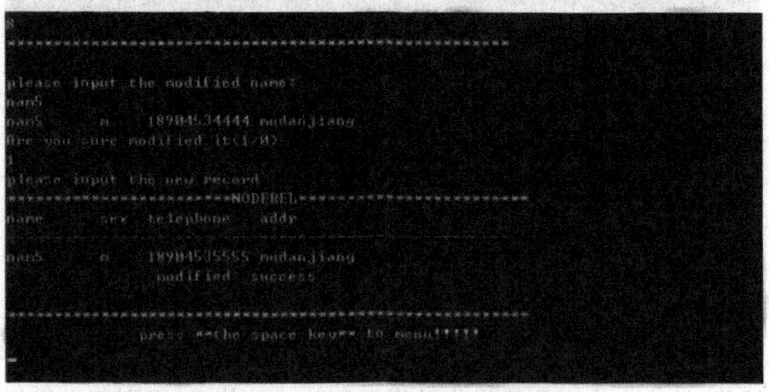

图 11 −7　记录修改操作界面

(7)记录排序功能:函数 void sort(NODEREL t[ ], int n),该函数对已存在的通讯录数组进行按姓名排序,采用冒泡排序算法,并输出排序成功提示信息。其操作界面如图 11 −8 所示。

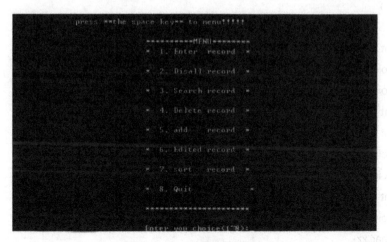

图 11 - 8　记录排序操作界面

（8）主控模块：函数 main( )。该函数实现程序主菜单功能的显示，通过选择功能函数，对各个功能函数进行调用，并实现整个系统的功能控制。其操作界面如图 11 - 9 所示。

图 11 - 9　主控操作界面

除以上 8 个功能模块外，由于查询、修改、删除函数都要对通讯录进行遍历查找是否存在欲操作记录信息，将公用的完成查找功能的代码独立成函数模块 int find(NODEREL t[ ]，int n,char * s)，另外，菜单显示功能模块会用到函数 void menu( )，每个模块都需要的信息提示，也需将实现该功能的代码独立写成函数 void print( )和 void print1( )。

11.1.3 源程序代码

通讯录管理系统的开发代码如下：

```c
#include " stdio. h"
#include " stdlib. h"
#include " string. h"
#define M 100
typedef struct NODEREL
{
    char name[10];
    char sex[5];
    char tele[12];
    char addr[20];
} NODEREL;
struct NODEREL t[M];

/* 主调函数 */
main()
{
    int input(NODEREL t[]);
    void display(NODEREL t[],int n);
    void search(NODEREL t[],int n);
    int delet(NODEREL t[],int n);
    int insert(NODEREL t[],int n);
    void modnode(NODEREL t[],int n);
    void sort(NODEREL t[],int n);
    int find(NODEREL t[],int n,char s[]);
    void menu();
    char xz;
    int length; /* 保存记录长度 */
    printf(" press * * the space key * * to menu!!!!! \n");
    do
    {
        xz = getchar();
        switch(xz)
        {
            case '1': length = input(t); break;
            case '2': display(t,length); break;
            case '3': search(t,length); break;
```

```
                case '4': length = delet(t,length); break;
                case '5': length = insert(t,length); break;
                case '6': modnode(t,length); break;
                case '7': sort(t,length);break;
                case '8': exit(0);
                case ' ': menu(); break; /*按空格调用菜单函数*/
            }
    } while(1);
}
void menu()
{
    clrscr();/*清屏*/
    printf("                    * * * * * * * * * *MENU* * * * * * * * * *\n");
    printf("                    * 1. Input record *                 \n \n");
    printf("                    * 2. Display record *               \n \n");
    printf("                    * 3. Search record *                \n \n");
    printf("                    * 4. Delete record *                \n \n");
    printf("                    * 5. Insert record *                \n \n");
    printf("                    * 6. Edited record *                \n \n");
    printf("                    * 7. Sort record *                  \n \n");
    printf("                    * 8. Quit          *                \n \n");
    printf("                    * * * * * * * * * * * * * * * * * *   \n \n");
    printf("                    Input you choice(1~8):");
}
void print()
{
    printf(" * * * * * * * * * * * *NODEREL* * * * * * * * * * * * *\n");
    printf(" name    sex telephone    addr \n");
    printf(" - - - - - - - - - - - - - - - - - - - - - - - - - - -\n");
}
void print1()
{
    printf(" * * * * * * * * * * * * * * * * * * * * * * * * * * * *\n");
    printf("          press * *the space key* * to menu!!!!!   \n");
}
/*排序函数*/
void sort(NODEREL t[],int n)
{
    NODEREL newt;
```

```
        int i,j;
        for(j=0;j<n;j++)
        {
            for(i=0;i<n-1;i++)
            {
                if((strcmp(t[i].name,t[i+1].name))>0)
                {
                    strcpy(newt.name,t[i].name);
                    strcpy(newt.sex,t[i].sex);
                    strcpy(newt.tele,t[i].tele);
                    strcpy(newt.addr,t[i].addr);
                    strcpy(t[i].name,t[i+1].name);
                    strcpy(t[i].sex,t[i+1].sex);
                    strcpy(t[i].tele,t[i+1].tele);
                    strcpy(t[i].addr,t[i+1].addr);
                    strcpy(t[i+1].name,newt.name);
                    strcpy(t[i+1].sex,newt.sex);
                    strcpy(t[i+1].tele,newt.tele);
                    strcpy(t[i+1].addr,newt.addr);
                }
            }
        }
        printf(" sort success!! \n \n");
        print1();
    }

    /* 输入函数 */
    int input(NODEREL t[])
    {
        int i,n;
        clrscr();
        printf(" * * * * * * * * * * * * * * * * * * * * * * * * * * * * * * \n \n");
        printf(" \n                  please input num :");
        scanf(" %d",&n);
        printf(" * * * * * * * * * * * * * * * * * * * * * * * * * * * * * * \n");
        printf("                  please input record \n");
        print();
        for(i=0;i<n;i++)
        {
            scanf(" %s%s%s%s",t[i].name,t[i].sex,t[i].tele,t[i].addr);
```

```
            printf(" - - - - - - - - - - - - - - - - - - - - - - - - - \n");
    }
    print1();
    return n;
}
/* 显示函数 */
void display(NODEREL t[ ],int n)
{
    int i;
    print();
    for(i=0;i<n;i++)
    printf(" % -10s% -5s% -12s% -20s \n",t[i].name,t[i].sex,t[i].tele,t[i].addr);
    printf(" * * * * * * * * * * * * * *end* * * * * * * * * * * * * * * \n");
    print1();
}
/* 查询函数 */
void search(NODEREL t[ ],int n)
{
    int find(NODEREL t[ ],int n,char s[ ]);
    char s[10];
    int i;
    clrscr();
    printf(" * * * * * * * * * * * * * * * * * * * * * * * * * * * * * * \n");
    printf(" please input the search name \n");
    scanf(" %s" ,s);
    i=find(t,n,s);
    if(i>n-1)
    {
        printf(" * * * * * * * * * * * * * * * * * * * * * * * * * * * * * * \n");
        printf("    not found!!!! \n");
    }
    else
        printf(" % -10s% -5s% -12s% -20s \n",t[i].name,t[i].sex,t[i].tele,t[i].addr);
    print1();
}
/* 查找函数 */
int find(NODEREL t[ ],int n,char s[ ])
{
    int i;
```

```
        for(i = 0;i < n;i ++ )
        {
            if(strcmp(s,t[i].name) ==0)
            return i;
        }
        return i;
}
/ * 删除函数 * /
int delet(NODEREL t[ ],int n)
{
    char s[20];
    int ch = 0;
    int i,j;
    clrscr();
    printf(" * * * * * * * * * * * * * * * * * * * * * * * * * * * * * * * \n");
    printf("              please input the deleted name \n");
    scanf(" %s" ,s);
    i = find(t,n,s);
    if(i > n - 1)
    {
        printf(" * * * * * * * * * * * * * * * * * * * * * * * * * * * * * * * \n");
        printf("              no found not deleted!!! \n");
    }
    else
    {
        printf(" % -10s% -5s% -12s% -20s \n" ,t[i].name,t[i].sex,t[i].tele,t[i].addr);
        printf(" Are you sure delete it(1/0) \n");
        scanf(" %d" ,&ch);
        if(ch == 1)
        {
            for(j = i + 1;j < n;j ++ )
            {
                strcpy(t[j - 1].name,t[j].name);
                strcpy(t[j - 1].sex,t[j].sex);
                strcpy(t[j - 1].tele,t[j].tele);
                strcpy(t[j - 1].addr,t[j].addr);
            }
            n -- ;
            printf(" * * * * * * * * * * * * * * * * * * * * * * * * * * * * * * \n");
```

```
                printf("            delete success      \n");
            }
        }
        print1();
        return n;
}
/* 插入函数 */
int insert(NODEREL t[],int n)
{
        int i,j;
        clrscr();
        printf(" * * * * * * * * * * * * * * * * * * * * * * * * * * * * * \n");
        printf(" please input record \n");
        print();
        scanf(" %10s%5s%12s%20s",t[n].name,t[n].sex,t[n].tele,t[n].addr);
        printf(" - - - - - - - - - - - - - - - - - - - - - - - - - - - - \n");
        n++;
        printf(" * * * * * * * * * * * * * * * * * * * * * * * * * * * * * \n");
        printf(" insert node success ! \n");
        print1();
        return n;
}
/* 修改函数 */
void modnode(NODEREL t[],int n)
{
        char c[10];
        int j=0;
        int i;
        NODEREL newt;
        printf(" * * * * * * * * * * * * * * * * * * * * * * * * * * * * * \n \n");
        printf(" please input the modified name:\n");
        scanf(" %s",c);
        i=find(t,n,c);
        if(i>n-1)
            printf(" no found not modified!!!! \n");
        else
        {
            printf(" % - 10s% - 5s% - 12s% - 20s \n",t[i].name,t[i].sex,t[i].tele,t[i].addr);
            printf(" Are you sure modified it(1/0)\n");
```

```
    scanf(" %d",&j);
    if(j==1)
    {
        printf(" please input the new record \n" );
        print( );
        scanf(" %s%s%s%s",newt. name,newt. sex,newt. tele,newt. addr);
        strcpy(t[i]. name,newt. name);
        strcpy(t[i]. sex,newt. sex);
        strcpy(t[i]. tele,newt. tele);
        strcpy(t[i]. addr,newt. addr);
        printf("              modified success              \n \n" );
        print1( );
    }
}
}
```

11.2　任务2　开发职工工资管理系统

11.2.1　工作情境描述

公司在开发通讯录管理系统的同时又有新的任务,开发职工工资管理系统。为避免空间浪费,要求采用临时确定数据空间的数据结构定义方式。现就总部特定要求开发本系统,依据总部下达工程任务,遵循工程开发规范说明书的要求,实现系统需求功能。

1. 系统软件环境

操作系统:Windows 2003 Server/ME/XP。

编译环境:Turbo C 3.0/Dev – C ++4.9.9.2/Visual C ++6.0。

2. 人员配备及主要任务

系统开发组总工一名,负责按照《职工工资管理系统概要设计规范说明书》的要求,理解系统功能需求,完成系统功能设计及详细功能模块任务分配,确定数据结构,并实现各个模块接口数据信息交换及模块组装。

系统开发组成员十一名,负责按照《职工工资管理系统详细设计规范说明书》的要求,理解模块的具体功能需求,实现本功能模块的编码、运行及测试用例和 Q&A 的编写操作。

3. 规范说明书

(1)职工工资管理系统概要设计规范说明书(部分内容略去)。

①编写规范:在程序主模块中要有对被调模块的函数声明;程序中标识符的命名符合标识符的命名规范;变量名、函数名用小写字母,符号常量用大写字母;避免使用容易混淆的字符;尽量做到"见名知义";每条语句占用一行;程序段落清晰,定义部分与功能部分分段明

确;必要时加入详细的注释说明;做好文档描述等。

②功能需求:本系统需要以指针及链表数据结构实现职工工资册的创建功能、排序功能、查询功能、添加功能、删除功能、修改功能、显示已有工资信息功能、正常退出功能等。

(2)职工工资管理系统详细设计规范说明书。

①工资册的创建功能:能够通过人机交互,随时实现职工工资册的创建功能。职工工资的基本操作单元包含编号、姓名、工资、扣款、合计等信息。

②排序功能:能够按照姓名进行工资册内的排序功能。

③查询功能:能够查询指定姓名的明确信息。如果记录不存在,给出提示信息。

④添加功能:能够向工资册中添加工资信息。添加信息的过程中,只需添加编号、姓名、工资及扣款信息,系统会自动合计员工实际收入工资。

⑤删除功能:能够对工资册中指定姓名的信息进行删除操作。删除操作将在工资册中删去包括该姓名在内的全部信息。

⑥修改功能:能够修改指定姓名的工资信息。能够修改包含姓名在内的全部工资信息。

⑦显示功能:能够显示非空职工工资册中已存在的全部工资信息。可以直接显示录入后的信息,也可以按姓名排序后显示有序的工资信息。

⑧主模块:能够对各个功能模块进行准确调用,并能够对各个模块间接口的数据传递做好协调及信息提示操作。

11.2.2　案　例

1. 工程需求分析

(1)系统目标:本系统提供一个利用计算机对职工工资进行有效管理的平台,实现对职工工资信息的增、删、改、查、排序、显示、创建等功能,并能提供友好的界面,使用户操作更便利更简易。

(2)系统技术需求:本系统应用指针及单链表数据结构实现工资册的创建;本系统的每条工资信息应以结构体为基础数据结构定义;本系统的每个基本功能尽量实现模块独立化,功能单一化,接口简单化;本系统以菜单方式显示,可以选择功能键实现所需服务等。

2. 工程概要设计

(1)设计思想:本系统开发基于"自顶向下,逐步细化"的模块化设计思想,运用 C 语言实现较大型应用程序的功能开发,创造一个多功能、低耦合的模块化综合性应用系统。

(2)结构化模块设计:对职工工资管理系统的功能进行模块划分,把系统分为 8 个模块,其模块结构如图 11 - 10 所示。

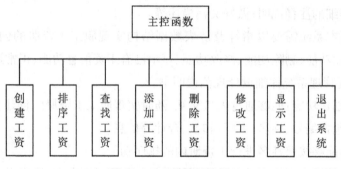

图 11 - 10   模块结构图

(3)数据结构设计:职工工资管理系统的每条工资信息包含员工编号、姓名、工资、其他工资信息、工资合计、员工链表结构后继指针等,整个信息是一个构造数据结构,每次操作都将它作为一个整体来处理,因而其数据结构定义应使用结构体来实现。其结构体数据类型如下:

```
struct UserInfo
{
    char UserNo[10];
    char UserName[20];
    float Wage;
    float Other Wage;
    float Sum;
    struct UserInfo * next;
};
```

3.详细设计及模块功能

依据详细设计规格说明书的要求,本系统采用指针及链表的数据结构形式处理职工工资管理的所有工资信息,实现如图 11 - 11 所示的界面及以下基本功能。

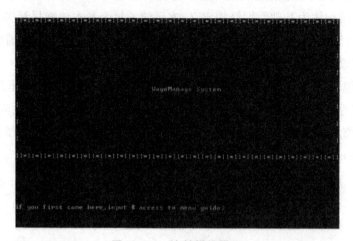

图 11 - 11   主控操作界面

（1）创建工资信息功能：函数为 struct UserInfo ＊creat( )，该函数提示输入工资信息中各个数据项，并返回工资单头指针，由全局变量 n 存放工资信息个数。其操作界面如图 11－12 所示

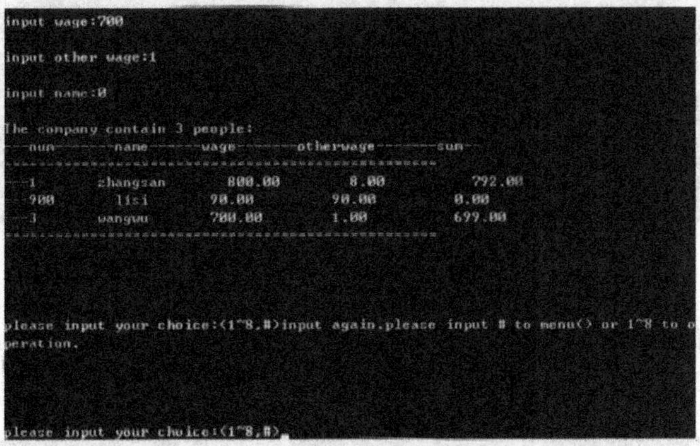

图 11－12 创建工资信息操作界面

（2）修改工资信息功能：函数为 struct UserInfo ＊modify(struct UserInfo ＊head)，该函数修改指定姓名的工资信息，如果链表中不存在该姓名，提示用户操作信息不存在；如果存在，提示是否确定要执行修改操作，选择 1 进行修改，否则，提示操作无效，返回链表头指针数据。其操作界面如图 11－13 所示。

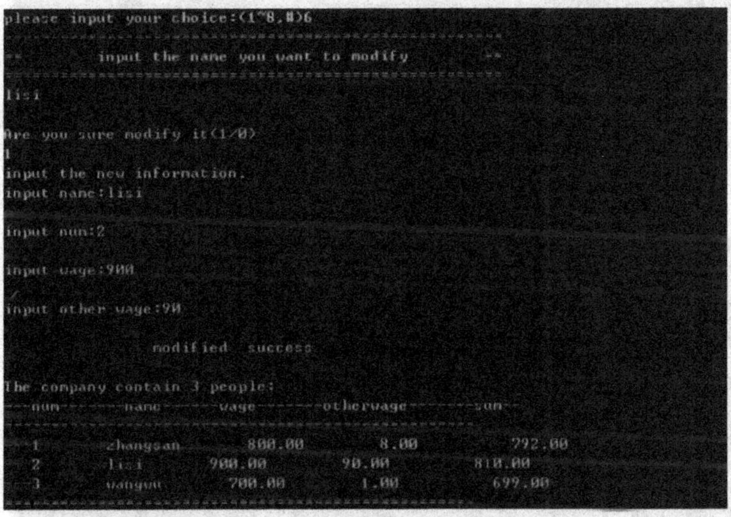

图 11－13 修改工资信息操作界面

（3）工资排序功能：函数为 strust userInfo ＊sort(struct UserInfo ＊head)，该函数按照姓名排序职工工资信息，其操作界面如图 11－14 所示。

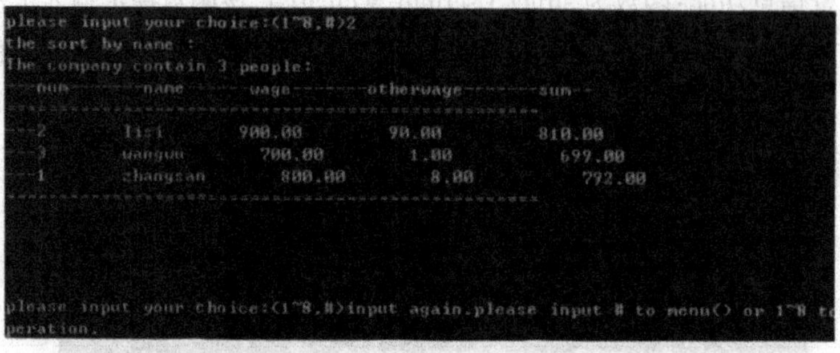

图 11 - 14　排序工资信息操作界面

(4)查询工资信息功能:函数为 struct UserInfo * search(struct UserInfo * head),该函数的操作界面如图 11 -15 所示。

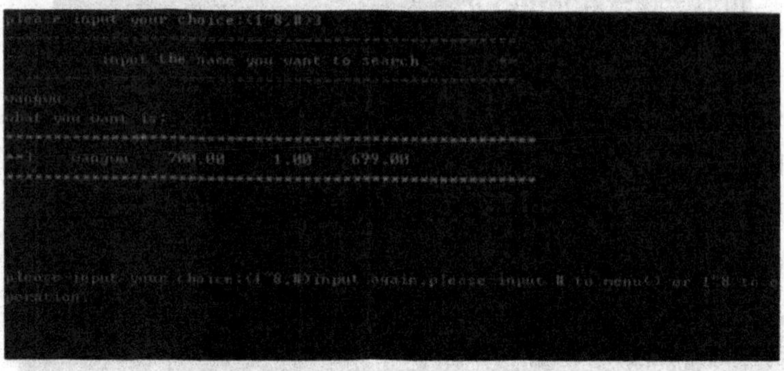

图 11 - 15　查询工资信息操作界面

(5)显示工资信息功能:函数为 void print(struct UserInfo * head),该函数显示系统中已存在的全部员工工资信息,无任何返回数据。该函数其操作界面如图 11 - 16 所示。

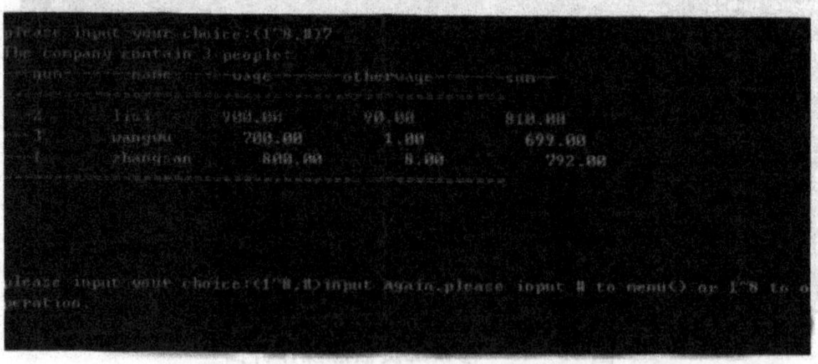

图 11 - 16　显示工资信息操作界面

(6)添加工资信息功能:函数为 struct UserInfo * insert(struct UserInfo * head),该函数提示用户按各个数据项输入要添加的工作信息,返回工资单链表头指针。其操作界面如图 11 -17所示。

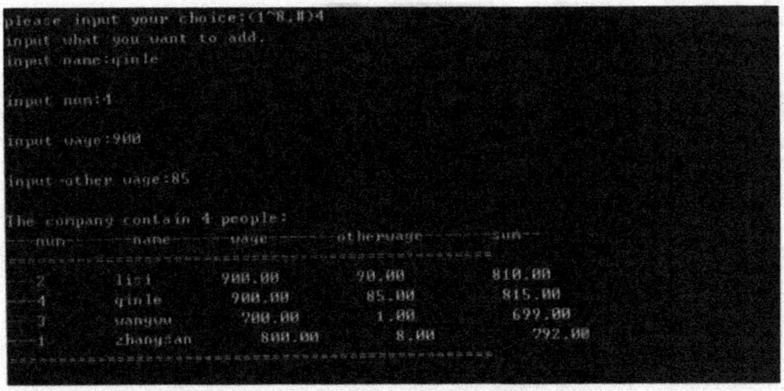

图 11 - 17　添加工资信息操作界面

(7)删除工资信息功能:函数为 struct UserInfo * delet(struct UserInfo * head),该函数删除指定姓名的工资信息,如果链表中不存在该姓名,提示用户操作信息不存在;如果存在,提示是否确定要执行删除操作,选择 1 进行删除,否则,提示操作无效。返回链表头指针数据。其操作界面如图 11 - 18 所示。

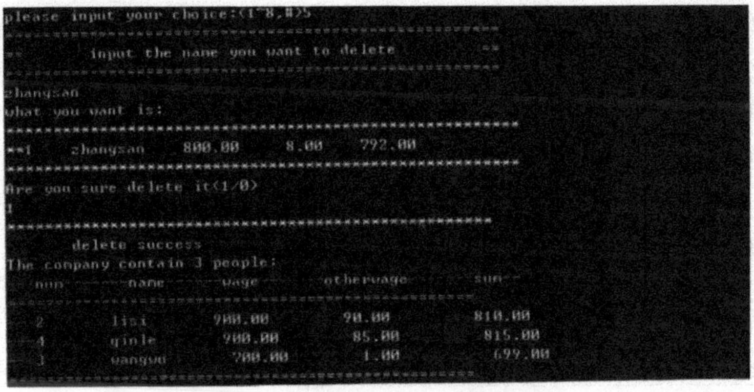

图 11 - 18　删除工资信息操作界面

(8)主控菜单显示功能:函数为 main( )。该函数实现如下图所示的功能模块,通过选择功能函数,对各个功能函数进行调用,并实现整个系统的功能控制。其操作界面如图 11 - 19 所示。

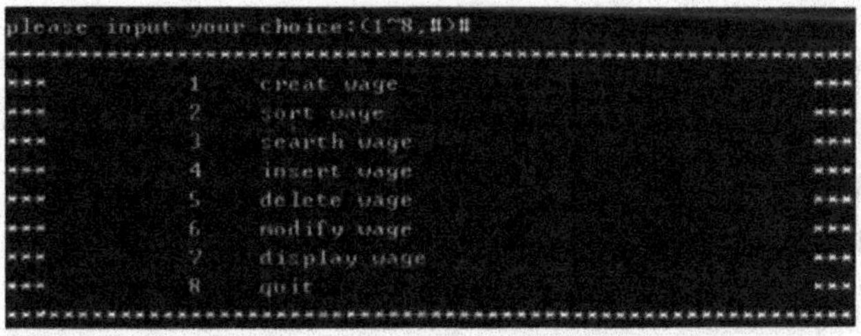

图 11 - 19　主控操作功能界面

除以上 8 个功能模块外,还有在退出系统时,需要进行内存释放,可使用函数 struct UserInfo * frees(struct UserInfo * head)。

11.2.3　源程序代码

职工工资管理系统开发代码如下：

```c
#include <stdio.h>
#include <malloc.h>
#include <string.h>
#include <stdlib.h>
int n;
struct UserInfo
{
    char UserNo[10];
    char UserName[20];
    float Wage;
    float OtherWage;
    float Sum;
    struct UserInfo * next;
};
#define LENTH sizeof(struct UserInfo)
#define M 100

/* 释放内存 */
struct UserInfo * frees(struct UserInfo * head)
{
    struct UserInfo *p1;
    while(head! = NULL)
    {
        p1 = head;
        head = head - > next;
        free(p1);
    }
    return (head);
}
/* 创建函数 */
struct UserInfo * creat()
{
    struct UserInfo * head;
    struct UserInfo * p1;
    struct UserInfo * p2;
    char name[20] = "123";
```

```
float w1,w2;
n = 0;
p1 = (struct UserInfo * )malloc(LENTH);
p2 = p1;
printf("input wage and information \n 0 mean input over \n");
printf("input name:"); scanf("%s",name); printf("\n");
if(strcmp(name,"0")! = 0)
{
    strcpy(p1 - > UserName,name);
    printf("input num:"); scanf("%s",p1 - > UserNo); printf("\n");
    printf("input wage:"); scanf("%f",&w1); printf("\n"); p1 - > Wage = w1;
    printf("input other wage:"); scanf("%f",&w2); printf("\n"); p1 - > OtherWage = w2;
    p1 - > Sum = p1 - > Wage - p1 - > OtherWage;
    head = NULL;
    while(1)
    {
        n = n + 1;
        if(n == 1) head = p1;
        else p2 - > next = p1;
        p2 = p1;
        printf("input name:"); scanf("%s",name); printf("\n");
        if(strcmp(name,"0") ==0)
        {
            break;
        }
        else
        {
            p1 = (struct UserInfo * )malloc(LENTH);
            strcpy(p1 - > UserName,name);
            printf("input num:"); scanf("%s",p1 - > UserNo); printf("\n");
            printf("input wage:"); scanf("%f",&w1); printf("\n"); p1 - > Wage = w1;
            printf("input other wage:"); scanf("%f",&w2); p1 - > OtherWage = w2;
            printf("\n");
            p1 - > Sum = p1 - > Wage - p1 - > OtherWage;
        }
    }
    p2 - > next = NULL;
    return(head);
}
```

```
        else
        {
            return 0;
        }
    }
/*输出函数*/
void print(struct UserInfo *head)
{
    struct UserInfo *p;
    if(head! = NULL)
    {
        p = head;
        printf(" The company contain %d people:\n",n);
        printf(" - - -num - - -name - - -wage - - -otherwage - - -sum - - -\n");
        printf(" = = = = = = = = = = = = = = = = = = = = = = = = = = = = = = = = =\n");
        while(p!  = NULL)
        {
            printf(" -- - %s",p - >UserNo);      printf("        ");
            printf(" %s",p - >UserName);          printf("        ");
            printf(" % - 7.2f",p - >Wage);        printf("        ");
            printf(" % - 7.2f",p - >OtherWage);   printf("        ");
            printf(" % - 7.2f",p - >Sum);         printf("       \n");
            p = p - >next;
        };
        printf(" = = = = = = = = = = = = = = = = = = = = = = = = = = = = = = = = =\n");
    }
    else printf(" no wage information. \n");
}
/*排序函数*/
struct UserInfo *sort(struct UserInfo *head)
{
    struct UserInfo *p1, *p2;
    int i,j;
    struct InfoSave
    {
        char UserNo[10];          /*员工编号*/
        char UserName[20];        /*姓名*/
        float Wage;               /*工资*/
        float OtherWage;          /*其他工资信息*/
```

```
        float Sum;                     / * 工资合计 * /
} ;
struct InfoSave siarr[ M ] ;
struct InfoSave zs ;
if( head == NULL )
{
    printf(" no wage information. \n" ) ;
    return( head ) ;
}
p1 = head ;
for( i = 0 ; i < n , p1 !  = NULL ; i ++ )
{
    strcpy( siarr[ i ]. UserName , p1 - > UserName ) ;
    strcpy( siarr[ i ]. UserNo , p1 - > UserNo ) ;
    siarr[ i ]. Wage = p1 - > Wage ;
    siarr[ i ]. OtherWage = p1 - > OtherWage ;
    siarr[ i ]. Sum = p1 - > Sum ;
    p2 = p1 ;
    p1 = p1 - > next ;
}
head = frees( head ) ;
for( j = 0 ; j < n - 1 ; j ++ )
{
    for( i = j + 1 ; i < n ; i ++ )
    {
        if( strcmp( siarr[ i ]. UserName , siarr[ j ]. UserName ) < 0 )
        {
            zs = siarr[ i ] ;
            siarr[ i ] = siarr[ j ] ;
            siarr[ j ] = zs ;
        }
    }
}
p1 = ( struct UserInfo * ) malloc( LENTH ) ;
p2 = p1 ;
strcpy( p1 - > UserName , siarr[ 0 ]. UserName ) ;
strcpy( p1 - > UserNo , siarr[ 0 ]. UserNo ) ;
p1 - > Wage = siarr[ 0 ]. Wage ;
p1 - > OtherWage = siarr[ 0 ]. OtherWage ;
```

```
        p1 - > Sum = siarr[0]. Sum;
        head = p1;
        for( i = 1 ;i < n;i ++ )
        {
            p1 = ( struct UserInfo * ) malloc( LENTH) ;
            strcpy( p1 - > UserName, siarr[ i]. UserName) ;
            strcpy( p1 - > UserNo, siarr[ i]. UserNo) ;
            p1 - > Wage = siarr[ i]. Wage;
            p1 - > OtherWage = siarr[ i]. OtherWage;
            p1 - > Sum = siarr[ i]. Sum;
            p2 - > next = p1;
            p2 = p1;
        }
        p2 - > next = NULL;
        printf(" the sort by name :\n" ) ;
        print( head) ;
        return( head) ;
    }
    / * 查找函数 * /
    struct UserInfo * search( struct UserInfo * head)
    {
        struct UserInfo * p1, * p2;
        int m;
        char name[30] ;
        if( head == NULL)
        {
            printf(" no wage information,can't search operation. " ) ;
            return( head) ;
        }
        p1 = head;
        printf(" = = = = = = = = = = = = = = = = = = = = = = = = = = = = = = = = = = = \n" ) ;
        printf(" = =                 input the name you want to search                = =\n" ) ;
        printf(" = = = = = = = = = = = = = = = = = = = = = = = = = = = = = = = = = = = \n" ) ;
        m = 0;
        scanf(" %s" ,name) ;
        while( strcmp( p1 - > UserName,name)!  = 0&&p1 - > next!  = NULL)
        {
            p2 = p1;
            p1 = p1 - > next;
```

```
        }
        if( strcmp( p1 - > UserName , name ) == 0 )
        {
            m ++ ;
            printf(" what you want is : \n" ) ;
            printf(" * * * * * * * * * * * * * * * * * * * * * * * * * * * * \n" ) ;
            printf(" * * %s   %s   %7.2 f   %7.2f   %7.2f \n" , p1 - > UserNo , p1 - >
            UserName , p1 - > Wage , p1 - > OtherWage , p1 - > Sum ) ;
            printf(" * * * * * * * * * * * * * * * * * * * * * * * * * * * * \n" ) ;
        }
        if( m == 0 )
        {
            printf(" the information of the name is not exist. \n" ) ;
        }
        p2 = NULL ;
        free( p2 ) ;
        return( head ) ;
    }
    / * 加入工资记录函数 * /
    struct UserInfo * insert( struct UserInfo * head )
    {
        struct UserInfo * p0 , * p1 , * p2 ;
        char name[ 20 ] ;
        float w1 , w2 ;
        p1 = head ;
        printf(" input what you want to add. \n" ) ;
        printf(" input name : " ) ; scanf(" %s" , name ) ; printf(" \n" ) ;
        if( strcmp( name , " 0" ) == 0 )
        {
            printf(" name is 0 , can't add. \n" ) ;
            return( head ) ;
        }
        else
        {
            p0 = ( struct UserInfo * ) malloc( LENTH ) ;
            strcpy( p0 - > UserName , name ) ;
            printf(" input num : " ) ; scanf(" %s" , p0 - > UserNo ) ; printf(" \n" ) ;
            printf(" input wage : " ) ; scanf(" %f" , &w1 ) ; p0 - > Wage = w1 ; printf(" \n" ) ;
            printf(" input other wage : " ) ; scanf(" %f" , &w2 ) ; p0 - > OtherWage = w2 ; printf(" \n" ) ;
```

```
        p0 - > Sum = p0 - > Wage - p0 - > OtherWage;
        n = n + 1;
        if( head == NULL)
        {
            head = p0;
            p0 - > next = NULL;
            return( head);
        }
        else
        {
            while( strcmp( p0 - > UserName,p1 - > UserName) > 0&&( p1 - > next!  =
            NULL))
            {
                p2 = p1;
                p1 = p1 - > next;
            }
            if( strcmp( p0 - > UserName,p1 - > UserName) < 0 | | strcmp( p0 - >
            UserName,p1 - > UserName) == 0)
            {
                if( head == p1) head = p0;
                else p2 - > next = p0;
                p0 - > next = p1;
            }
            else
            {
                p1 - > next = p0;
                p0 - > next = NULL;
            }
            return( head);
        }
    }
/ * 删除函数 * /
struct UserInfo * delet( struct UserInfo * head)
{
    struct UserInfo * p1, * p2;
    int m,ch;
    char name[ 30];
    if( head == NULL)
```

```
    {
        printf("no wage information,can't delete operation.");
        return(head);
    }
    p1 = head;
    printf("============================== \n");
    printf("==          input the name you want to delete          == \n");
    printf("============================== \n");
    m = 0;
    scanf("%s",name);
    while(strcmp(p1 - > UserName,name)! = 0&&p1 - > next! = NULL)
    {
        p2 = p1;
        p1 = p1 - > next;
    }
    if(strcmp(p1 - > UserName,name) == 0)
    {
        m ++ ;
        printf("what you want is: \n");
        printf("*************************** \n");
        printf("* * %s   %s   %7.2f   %7.2f   %7.2f \n",p1 - > UserNo,p1
        - > UserName,p1 - > Wage,p1 - > OtherWage,p1 - > Sum);
        printf("*************************** \n");
        printf("Are you sure delete it(1/0) \n");
        scanf("%d",&ch);
        if(ch == 1)
        {
            if(p1! = head)
            {
                p2 - > next = p1 - > next;
            }
            else
            {
                head = p1 - > next;
            }
            free(p1);
            n = n - 1;
            printf("*************************** \n");
            printf("                    delete success                    \n");
```

```
        }
        else
            printf(" you choose to quit the deletion opration. \n \n" ) ;
    }
    if( m == 0)
        printf(" the information of the name is not exist. \n \n" ) ;
    return( head) ;
}
/ * 修改函数 * /
struct UserInfo * modify( struct UserInfo * head)
{
    struct UserInfo * p1 , * p2;
    int i;
    char name[ 30] ;
    float w1 ,w2;
    if( head == NULL)
    {
        printf(" no wage information,can't modify operation." ) ;
        return( head) ;
    }
    p1 = head;
    printf(" = = = = = = = = = = = = = = = = = = = = = = = = = = = = = = = = = = = = = = = \n" ) ;
    printf(" = =          input the name you want to modify          = = \n" ) ;
    printf(" = = = = = = = = = = = = = = = = = = = = = = = = = = = = = = = = = = = = = = = \n" ) ;
    scanf(" %s" ,name) ; printf(" \n" ) ;
    while( strcmp( p1 - > UserName ,name)! = 0&&p1 - > next! = NULL)
    {
        p2 = p1 ;
        p1 = p1 - > next;
    }
    if( strcmp( p1 - > UserName ,name) == 0)
    {
        printf(" Are you sure modify it(1/0) \n" ) ;
        scanf(" %d" ,&i) ;
        if( i == 1)
        {
            printf(" input the new information. \n" ) ;
            printf(" input name:" ) ; scanf(" %s" ,name) ; printf(" \n" ) ;
            strcpy( p1 - > UserName ,name) ;
```

```
            printf(" input num:"); scanf(" %s",p1 -> UserNo); printf(" \n");
            printf(" input wage:"); scanf(" %f",&w1); p1 -> Wage = w1; printf(" \n");
            printf(" input other wage:"); scanf(" %f",&w2); p1 -> OtherWage = w2;
            printf(" \n");
            p1 -> Sum = p1 -> Wage - p1 -> OtherWage;
            printf("                    modified success               \n \n");
        }
        else
            printf(" you choose to quit the modify operation. \n \n");
    }
    else
        printf(" the information of the name is not exist. no modify! \n \n");
    p2 = NULL;
    free(p2);
    return(head);
}
void menu()
{   clrscr();/ * 清屏 * /
    printf(" * * * * * * * * * * * * * * * * * * * * * * * * * * * * * * * \n");
    printf(" * * *              1 creat wage                   * * * \n");
    printf(" * * *              2 sort wage                    * * * \n");
    printf(" * * *              3 searth wage                  * * * \n");
    printf(" * * *              4 insert wage                  * * * \n");
    printf(" * * *              5 delete wage                  * * * \n");
    printf(" * * *              6 modify wage                  * * * \n");
    printf(" * * *              7 display wage                 * * * \n");
    printf(" * * *              8 quit                         * * * \n");
    printf(" * * * * * * * * * * * * * * * * * * * * * * * * * * * * * * * \n");
}
/ * 主调函数 * /
main()
{
    struct UserInfo * creat();
    struct UserInfo * modify(struct UserInfo * head);
    struct UserInfo * sort(struct UserInfo * head);
    struct UserInfo * search(struct UserInfo * head);
    void print(struct UserInfo * head);
    struct UserInfo * insert(struct UserInfo * head);
    struct UserInfo * delet(struct UserInfo * head);
```

```c
        struct UserInfo * head;
        char ch;
        head = NULL;
        clrscr();
        printf("\n\n\n\n");
        printf("|| * || * || * || * || * || * || * || * || * || * || * || * || * || * || * || *
|| * || * || * || * || * || * || * ||\n");
        printf("|                                              |\n");
        printf("|                                              |\n");
        printf("|                                              |\n");
        printf("|                    WageManage System         |\n");
        printf("|                                              |\n");
        printf("|                                              |\n");
        printf("|                                              |\n");
        printf("|| * || * || * || * || * || * || * || * || * || * || * || * || * || * || * || *
|| * || * || * || * || * || * || * ||\n");
        printf("\n\n\n\n");
        printf("if you first come here,input # access to menu guide:\n");
        while(1)
        {
            printf("\n\n\n\n");
            printf("please input your choice:(1~8,#)");
            ch = getchar();
            switch(ch)
            {
                case '1':
                {
                    if(head == NULL)
                    {
                        head = creat();
                        print(head);
                    }
                    else
                    {
                        head = frees(head);
                        head = creat();
                        print(head);
                    }
                } break;
```

```
case '2': head = sort(head); break;
case '3': head = search(head); break;
case '4': head = insert(head); print(head); break;
case '5': head = delet(head); print(head); break;
case '6': head = modify(head); print(head); break;
case '7': print(head); break;
case '8': head = frees(head); exit(0);
case '#': menu(); break;
default : printf(" input again. please input # to menu() or 1 ~ 8 to operation. \
n");
        }
      }
    }
```

练习与提高参考答案

第 1 章

1. 简述 C 语言的编程风格。

(1) C 语言程序简洁、紧凑,编写的程序短小精悍。

(2) C 语言运算符丰富,数据结构丰富。

(3) C 语言可移植性好。

(4) C 语言是结构化程序设计语言。

(5) C 语言使用时方便、灵活。

(6) C 语言程序生成代码质量高,程序执行效率高。

2. 简述 C 语言程序的实现过程。

(1) 程序编辑。编辑是指用户在 C 语言的编辑环境中输入源程序代码,并将源程序保存为扩展名为 .c 的文件。

(2) 程序编译。编译就是将已经编辑好的源程序翻译成二进制的目标程序,生成扩展名为 .obj 的同名文件。

(3) 程序连接。程序连接过程是将编译后的目标程序、库函数、其他目标程序连接处理后,生成扩展名为 .exe 的同名可执行文件。

(4) 程序运行。可执行文件生成后,就可以运行程序,得到程序的运行结果。

第 2 章

1. 填空题

(1) 整型、实型、字符型、枚举型

(2) 8、1、十进制、八进制、十六进制、一般型、短整型、长整型、无符号型

(3) 单精度、双精度、长双精度

(4) 字符、1、char

(5) 自动转换、强制转换

(6) 6

2. 选择题

(1)D　(2)B　(3)A　(4)A　(5)C　(6)A　(7)C　(8)C　(9)D　(10)A　(11)B　(12)B　(13)A　(14)D　(15)B

第3章

1.选择题

(1)C　(2)B　(3)B　(4)D　(5)B

2.分析程序,写出结果

(1)STRUCT,□□STRUCT,STRUCT,□□STR,STR□□,STR

(2)f = 3456.789062,f = 3.456789e + 03,f = 3456.79

(3)x + y + z = 137

　　x − y − z = 19

3.编程题

(1)

```
#include <math.h>
#include <stdio.h>
#define PI 3.14159
main()
{
    double r,h;
    double yzc,ymj,yqbmj,yqtj,yztj;
    printf("please input r,h:\n");
    scanf("%lf,%lf",&r,&h);
    yzc = 2 * PI * r;
    ymj = PI * r * r;
    yqbmj = 4 * PI * r * r * ;
    yqtj = 4/3.0 * PI * r * r * r;
    yztj = PI * r * r * h;
    print("yzc = %.2f,ymj = %.2f,yqbmj = %.2f,yqtj = %.2f,yztj = %.2f \n",yzc,ymj,yqb-
mj,yqtj,yztj);
}
```

(2)

```
#include <stdio.h>
main()
{
    char ch;
    ch = getchar();
    printf("xiaoxie:%c,ASCII:%d,daxie:%c\n",ch,ch,ch = 32);
}
```

第 4 章

1. 填空题

(1)无条件跳出 switch 语句

(2)a = 25, b = 14, c = 19

(3)if(a < = b)x = 1; pritnf("x = % d\n", x)

　　else y = 2; printf("y = % d\n", y);

(4)x%3 ==0 && x%5 ==0

2. 选择题

(1)B　(2)D　(3)C　(4)D　(5)B　(6)C　(7)C　(8)B

3. 编程题

(1)

```
#include < stdio. h >
main( )
{
    int x,y;
    printf(" please input x:\n" );
    scanf(" %d" ,&x);
    if( x < =2) y = x;
    if( x >2 && x <12) y =3 * x +1;
    if( x > =12) y =8 * x -9;
    printf(" y = %d\n" ,y);
}
```

(2)

```
#include < stdio. h >
main( )
{
    float x,y,z,t;
    printf(" please input x,y,z:\n" );
    scanf(" %f,%f,%f" ,&x,&y,&z);
    if( x > y) {t = x;x = y;y = t;)
    if( x > z) {t = x;x = z;z = t;}
    if( y > z) {t = y;y = z;z = t;)
    printf(" small to big:%f,%f,%f\n",x,y,z);
}
```

(3)

```
#include < stdio. h >
```

```
main( )
{
    long int ge,shi,qian,wan,x;
    scanf(" %ld" ,&x);
    wan = x/10000;
    qian = x%10000/1000;
    shi = x%100/10;
    ge = x%10;
    if( ge == wan&&shi == qian) printf(" %ld is a huiwen\n" ,x);
    else printf(" %ld is not a huiwen\n" ,x);
}
```

（4）
```
#include < stdio. h >
main( )
{
    long int n;
    long int m1,m2,m3,m4,m5,m;
    scanf(" %ld" ,&n);
    m1 = 50000 * 0. 1;
    m2 = m1 + 50000 * 0. 075;
    m3 = m2 + 100000 * 0. 05;
    m4 = m3 + 200000 * 0. 03;
    m5 = m4 + 400000 * 0. 015;
    if( n < = 50000) m = n * 0. 1;
    else if( n < = 100000) m = m1 + ( n – 50000) * 0. 075;
    else if( n < = 200000) m = m2 + ( n – 100000) * 0. 05;
    else if( n < = 400000) m = m3 + ( n – 200000) * 0. 03;
    else if( n < = 600000) m = m4 + ( n – 400000) * 0. 015;
    else m = m5 + ( n – 6000000) * 0. 01;
    printf(" m = %ld" ,m);
}
```

（5）
```
#include < stdio. h >
main( )
{
    int day,month,year,sum,leap;
    printf(" \nplease input year,month,day\n" );
    scanf(" %d,%d,%d" ,&year,&month,&day);
    switch(month) /* 先计算某月以前月份的总天数 */
```

```
    {
        case 1:sum = 0;break;
        case 2:sum = 31;break;
        case 3:sum = 59;break;
        case 4:sum = 90;break;
        case 5:sum = 120;break;
        case 6:sum = 151;break;
        case 7:sum = 181;break;
        case 8:sum = 212;break;
        case 9:sum = 243;bteak;
        case 10:sum = 273;bteak;
        case 11:sum = 304;break;
        case 12:sum = 334;break;
        default:printf(" data error" );break;
    }
    sum = sum + day;/ * 再加上某天的天数 * /
    if(year%400 == 0 || (year%4 == 0&&year%100! = 0))/ * 判断是不是闰年 * /
        leap = 1;
    else
        leap = 0;
    if(leap == 1&&month > 2) / * 如果是闰年且月份大于2,总天数应该加一天 * /
        sum ++ ;
    prinrf(" It is the %dth day. " ,sum);
}
```

(6)

```
#include < stdio. h >
main( )
{
    int m,d;
    printf(" please input m,d:\n" );
    scanf(" %d,%d" ,&m,&d);
    switch(m)
    {
        case 1:if(d > = 1 && d < =20) printf(" 摩羯座\n" );
                else if(d > = 21 && d < =31) printf(" 水瓶座\n" );
                else printf(" 输入错误\n" );
                break;
        case 2:if(d > = 1 && d < =20) printf(" 水瓶座\n" );
                else if(d > = 21 && d < =29) printf(" 双鱼座\n" );
```

```
            else printf("输入错误\n");
            break;
case 3:if(d>=1&&d<=20) printf("双鱼座\n");
       else if(d>=21&&d<=31) printf("白羊座\n");
       else printf("输入错误\n");
       break;
case 4:if(d>=1&&d<=20) printf("白羊座\n");
       else if(d>=21&&d<=30) printf("金牛座\n");
       else printf("输入错误\n");
       break;
case 5:if(d>=1&&d<=20) printf("金牛座\n");
       else if(d>=21&&d<=31) printf("双子座\n");
       else printf("输入错误\n");
       break;
case 6:if(d>=1&&d<=20) printf("双子座\n");
       else if(d>=21&&d<=30) printf("巨蟹座\n");
       else printf("输入错误\n");
       break;
case 7:if(d>=l&&d<=20) printf("巨蟹座\n");
       else if(d>=21&&d<=31) printf("狮子座\n");
       else printf("输入错误\n");
       break;
case 8:if(d>=1&&d<=20) printf("狮子座\n");
       else if(d>=21&&d<=31) printf("处女座\n");
       else printf("输入错误\n");
       break;
case 9:if(d>=1&&d<=20) printf("处女座\n");
       else if(d>=21&&d<=30) printf("天平座\n");
       else printf("输入错误\n");
       break;
case 10:if(d>=1&&d<=20) printf("天平座\n");
        else if(d>=21&&d<=31) printf("天蝎座\n");
        else printf("输入错误\n");
        break;
case 11:if(d>=1&&d<=20) printf("天蝎座\n");
        else if(d>=21&&d<=30) printf("射手座\n");
        else printf("输入错误\n");
        break;
case 12:if(d>=1&&d<=20) printf("射手座\n");
```

```
            else if(d > = 21 && d < = 31) printf("摩羯座\n");
            else printf("输入错误\n");
        cbreak;
        default:printf("输入错误\n");
        break;
    }
}
```

第 5 章

1. 选择题
(1)B   (2)B   (3)C
2. 程序设计题
(1)
```
#include "stdio. h"
main( )
{
    int i,j,n = 4;
    for(i = 0;i < n;i ++ )
    {
        for(j = l;i < = 2 * i + l;j ++ )
        printf(" * ");
        printf(" \n");
    }
    for(i = 1;i < = (2 * n - 1)/2;i ++ )
    {
        for(j = 1;j < = 2 * n - 1 - 2 * i;j ++ )
        printf(" * ");
        printf(" \n");
    }
}
```
(2)
```
#include "stdio. h"
main( )
{
    int i,j,n = 3;
    for(i = 0;i < n;i ++ )
    {
        for(j = 1;j < = i + l;j ++ )
```

```
            printf(" %d",j);
            printf(" \n");
        }
    for(i = 1;i < = (2 * n - 1)/2;i ++ )
        {
            for(j = 1;j < = n - i;j ++ )
            printf(" %d",j);
            printf(" \n");
        }
    }
```

（3）
```
#include < stdio. h >
void main( )
{
    int x,y;
    for(x = 1;x < =9;x ++ )
    {
        for(y = 1;y < =x;y ++ )
            printf(" %d * %d = %d",x,y,x * y);
        printf(" \n");
    }
}
```

（4）
```
#include < stdio. h >
void main( )
{
    int i,j;
    for(i = 1;i < =9;i ++ )
    {
        for(j = 1;j < =i;j ++ )
            printf(" %d * %d = %d ",i,j,i * j);
        printf(" \n");
    }
}
```

第 6 章

1. 填空题

（1）函数的返回值、return

(2)定义、调用、值

(3)嵌套、递归

2. 选择题

(1)C　(2)D　(3)A　(4)B

3. 编程题

(1)

```
#include "stdio.h"
int max(int x,int y,int z)
{
    int m = x;
    if(m < = y)
        m = y;
    if(m < = z)
        m = z;
return m;
}
void main( )
{
    int x,y,z,m;
    printf("请输入三个数");
    scanf("%d%d%d",&x,&y,&z);
    m = max(x,y,z);
    printf("三个数中的最大值是%d\n",m);
}
```

(2)

```
#include "stdio.h"
double fun(double x)
{
    if(x > 1)
    return x * x + x;
    else return x + 5;
}
void main( )
{
    double x;
    scanf("%lf",&x);
    printf("f(x) = %lf",fun(x));
}
```

（3）

```
#include " stdio. h"
long sum( int n)
{
    int i;
    long y = 1;
    for( i - 1;i < = n;i ++ )
        y = y * i;
    return y;
}
void main( )
{
    int n,j;
    long sum1 = 0;
    printf( " 请输入正整数 n 的值( n < = 15)" );
    scanf( " %d" ,&n);
    for( j = 1;j < = n;i ++ )
        sum1 = sum1 + sum( j) ;
    printf( " 1! + ··· + %d! = %ld" ,n,sum1) ;
}
```

（4）

```
#include" stdio. h"
float sum( float x,float y)
{
    return x + y;
}
void main( )
{
    float X,y,z;
    printf( " 请输入三个实数:" );
    scanf( " %f%f%f" ,&x,&y,&z);
    printf( " %. 2f + %. 2f + %. 2f = %. 2f" ,x,y,z,sum( x,sum( y,z) ) ) ;
}
```

第7章

1. 选择题

（1）D （2）B （3）B （4）A （5）D （6）C

2. 编程题

（1）

```c
#include" stdio. h"
void main( )
{
    int i,t,a[5] = {1,3,5,7,9};
    for(i =0;i <5/2;i ++ )
    {
        t = a[i];
        a[i] = a[4 - i];
        a[4 - i] = t;
    }
    for(i =0;i < =4;i ++ )
        printf(" %d ",a[i]);
}
```

（2）

```c
#include " stdio. h"
void main( )
{
    int a[6] = {1,3,5,7,9};
    int i,t =5,x;
    printf(" 请输入一个整数" );
    scanf(" %d" ,&x);
    for(i =0;i <5;i ++ )
        if(x < a[i])
        {
            t = i;
            break;
        }
    if(t ==5)
        a[5] = x;
    else
    {
        for(i =5;i > t;i -- )
        a[i] = a[i - 1];
        a[t] = x;
    }
    printf(" 新数组输出如下:\n" );
    for(i =0;i <6;i ++ )
```

```
            printf(" %4d" ,a[i]);
    }
```
（3）
```
    #include <stdio.h>
    void main()
    {
        int shu[5];
        long n,i;
        printf(" 256 以内的回文数如下:\n" );
        for(i = 10;i < = 256;i ++ )
        {
            n = i * i;
            shu[0] = n/10000;
            shu[1] = (n%10000)/1000;
            shu[2] = (n%1000)/100;
            shu[3] = (n%100)/10;
            shu[4] = (n%10);
            if(n < 1000)
                if(shu[2] == shu[4])
                    printf(" 回文数是:%3d,这个数的平方是:%ld\n" ,i,n);
            if(n > = 1000&&n < = 10000)
                if(shu[1] == shu[4]&&shu[2] == shu[3])
                    printf(" 回文数是:%3d,这个数的平方是:%ld\n" ,i,n);
            if(n > 10000)
                if(shu[1] == shu[3]&&shu[0] == shu[4])
                    printf(" 回文数是:%3d,这个数的平方是:%ld" ,i/n);
        }
    }
```
（4）
```
    #include " stdio.h"
    void main()
    {
        int a[10];
        int i,j,t,k;
        ptintf(" please input 10 numbers:" );
        for(i = 0;i < 10;i ++ )
            scanf(" %d" ,&a[i]);
        for(i = 0;i < 10;i ++ )
        {
```

```
        for(j=9;j,i;i--)
            if(a[j-1],a[j])
            {
                t=a[j-1];
                a[j-1]=a[j];
                a[j]=t;
            }
    }
    printf("please input the search number:");
    scanf("%d",&k);
    t=0;
    for(i=0;i<10;i++)
        if(a[i]==k)
        {
            printf("%d在数组中,下标值为%d\n",a[i],i);
            t=1;
        }
        if(t==0)
            printf("%d不在数组中",k);
}
```

(5)
```
#include <stdio.h>
void main()
{
    char a[5][5]={{' ',' ','*',' ',' '},{' ',' ','*',' ','*',' '},{'*',' ',' ',
' ','*'},{' ',' ','*',' ','*',' '},{' ',' ',' ','*',' ',' '}};
    int i,j;
    for(i=0;i<5;i++)
    {
        for(j=0;j<5;j++)
            printf("%c",a[i][j]);
        printf("\n");
    }
}
```

第8章

1. 选择题

(1)B (2)C (3)C (4)D (5)A (6)D (7)C (8)D

2. 写出程序运行结果

（1）* pmax = * px

（2）35

（3）CDABC

（4）efsh

（5）w,one

（6）0

第 9 章

1. 选择题

（1）A　（2）B　（3）B　（4）B　（5）D　（6）D　（7）C

2. 编程题

（1）
```
#define Q(a,b) a%b
main( )
{
    int c,d,t;
    scanf(" %d %d",&C,&d);
    t = Q(c,d);
    printf(" t = %d\n",t);
}
```

（2）
```
#include" math. h"
#define SSS(m,n,k) (m + n + k)/2
#define AQRT(m,n,k) sqrt(SSS(m,n,k) * (SSS(m,n,k) - m) * (SSS(m,n,k) - n) *
(SSS(m,n,k) - k))
main( )
{
    float a,b,c,s,area;
    scanf(" %f %f %f",&a,&b,&c);
    s = SSS(a,b,c);
    area = AQRT(a,b,c);
    printf(" S = %.3f area = %.3f \n",s,area);
}
```

（3）
```
#define LEAPYEAR(y) y%4
main( )
```

```
{
    int y;
    scanf(" %d",&y);
    if(LEAPYEAR(y)) printf(" %d is a not leap year\n",y);
    else printf(" %d is a leap year \n",y);
}
```

第 10 章

1. 选择题

(1)C   (2)B   (3)C   (4)C   (5)A

2. 填空题

(1)键盘

(2)显示器

(3)输出字符

(4)非零值

(5)rewind 或 fseek

(6)fopen("A:\user\abc. txt" ,"r + ")

(7)(! feof(fp)) 或(feof(fp) ==0)

(8)fname、fp

附录 A ASCII 编码表

表 A ASCII 编码表

ASCII 值	控制字符	ASCII 值	控制字符	ASCII 值	控制字符	ASCII 值	控制字符
0	NULL	32	（space）	64	@	96	、
1	SOH	33	!	65	A	97	a
2	STX	34	"	66	B	98	b
3	ETX	35	#	67	C	99	c
4	EOT	36	$	68	D	100	d
5	ENQ	37	%	69	E	101	e
6	ACK	38	&	70	F	102	f
7	BEL	39	,	71	G	103	g
8	BS	40	(	72	H	104	h
9	HT	41	)	73	I	105	i
10	LF	42	*	74	J	106	j
11	VT	43	+	75	K	107	k
12	FF	44	,	76	L	108	l
13	CR	45	−	77	M	109	m
14	SO	46	.	78	N	110	n
15	SI	47	/	79	O	111	o
16	DLE	48	0	80	P	112	p
17	DC1	49	1	81	Q	113	q
18	DC2	50	2	82	R	114	r
19	DC3	51	3	83	X	115	s
20	DC4	52	4	84	T	116	t
21	NAK	53	5	85	U	117	u
22	SYN	54	6	86	V	118	v
23	TB	55	7	87	W	119	w
24	CAN	56	8	88	X	120	x
25	EM	57	9	89	Y	121	y
26	SUB	58	:	90	Z	122	z
27	ESC	59	;	91	[	123	{
28	FS	60	<	92	\	124		
29	GS	61	=	93	]	125	}
30	RS	62	>	94	^	126	~
31	US	63	?	95	—	127	DEL

附录 B　运算符的优先级与结合性

表 B　运算符的优先级与结合性

优先级	运算符	含义	运算数个数	结合方向
1	( )	整体运算、参数表		左→右
	[ ]	下标		
	- >	存取结构、联合中的成员		
	.			
2	!	逻辑非	单目运算	右→左
	~	求反（位操作）		
	++	自增 1		
	--	自减 1		
	-	取负数		
	（类型）	强制类型转换		
	*	取内容		
	&	取地址		
	sizeof	长度计算		
3	*	乘	双目运算	左→右
	/	除		
	%	取余		
4	+	加	双目运算	左→右
	-	减		
5	< <	左移（位操作）	双目运算	左→右
	> >	右移（位操作）		
6	<	小于	双目运算	左→右
	< =	小于等于		
	>	大于		
	> =	大于等于		
7	==	等于	双目运算	左→右
	! =	不等于		

优先级	运算符	含义	运算数个数	结合方向
8	&	按位与	双目运算	左→右
9	^	按位异或	双目运算	左→右
10	|	按位或	双目运算	左→右
11	&&	逻辑与	双目运算	左→右
12	||	逻辑或	双目运算	左→右
13	?:	条件表达式	三目运算	右→左
14	=	赋值	双目运算	右→左
	* =	计算并赋值		
	/ =			
	% =			
	+ =			
	− =			
	> > =			
	< < =			
	& =			
	^ =			
	| =			
15	,	顺序计算		左→右

附录 C Turbo C 部分常用库函数

1. 标准库函数

使用标准库函数时,在源文件中使用命令:#include" stdlib. h" 表示引用库函数,如表 C - 1 所示。

表 C - 1 标准库函数

函数名	函数和形参类型	功能	返回值
abs	int abs(num) int num	计算整数 num 的绝对值	返回计算结果
atof	double atof(str) char * str	将 str 指向的字符串转换为一个 double 型的值	返回双精度计算结果
atoi	int atoi(str) char * str	将 str 指向的字符串转换为一个 int 型的值	返回转换结果
atol	long atol(str) char * str	将 str 指向的字符串转换为一个 long 型的值	返回转换结果
exit	void exit(status) int status;	中止程序运行。将 status 的值返回调用的过程	无
itoa	char * itoa(n,str,radix) int n,radix; char * str	将整数 n 的值按照 radix 进制转换为等价的字符串,并将结果存入 str 指向的字符串中	返回一个指向 str 的指针
labs	long labs(num) long num	计算整数 num 的绝对值	返回计算结果
ltoa	char * itoa(n,str,radix) long int n; int radix; char * str;	将长整数 n 的值按照 radix 进制转换为等价的字符串,并将结果存入 str 指向的字符串中	返回一个指向 str 的指针
rand	int rand( )	产生 0 到 RAND_MAX 之间的伪随机数。RAND_MAX 在头文件中定义	返回一个伪随机(整数)
random	int random(num) int num;	产生 0 到 num 之间的随机数。	返回一个随机(整数)
rand_omize	void randomize( )	初始化随机函数,使用时包括头文件 time. h。	
strtod	double strtod (start, end) char * start; char * * end	将 start 指向的数字字符串转换成 double,直到出现不能转换为浮点的字符为止,剩余的字符串符给指针 end * HUGE_VAL 是 turboC 在头文件 math. h 中定义的数学函数溢出标志值	返回转换结果。若成功转换则返回 0。若转换出错返回 HUGE_VAL 表示上溢,或返回 - HUGE_VAL 表示下溢

函数名	函数和形参类型	功能	返回值
strtol	Long int strtol (start, end,radix) char * start; char * * end; int radix;	将 start 指向的数字字符串转换成 long,直到出现不能转换为长整型数的字符为止,剩余的字符串符给指针 end。转换时,数字的进制由 radix 确定。 * LONG_MAX 是 turbo C 在头文件 limits.h 中定义的 long 型可表示的最大值	返回转换结果。若成功转换则返回 0。若转换出错返回 LONG_MAX 表示上溢,或返回 – LONG_MAX 表示下溢
system	int system(str) char * str;	将 str 指向的字符串作为命令传递给 DOS 的命令处理器	返回所执行命令的退出状态

2. 输入输出函数

在使用输入输出函数时,在源文件中使用命令:#include" stdio.h" 表示引用输入输出函数,如表 C - 2 所示。

表 C – 2 输入输出函数

函数名	函数和形参类型	功能	返回值
clearerr	void clearer(fp) FILE * fp	清除文件指针错误指示器	无
close	int close(fp) int fp	关闭文件(非 ANSI 标准)	关闭成功返回0,不成功返回 – 1
creat	int creat(filename,mode) char * filename; int mode	以 mode 所指定的方式建立文件(非 ANSI 标准)	成功返回正数,否则返回 – 1
eof	int eof(fp) int fp	判断 fp 所指的文件是否结束	文件结束返回1,否则返回0
fclose	int fclose(fp) FILE * fp	关闭 fp 所指的文件,释放文件缓冲区	关闭成功返回0,不成功返回非0
feof	int feof(fp) FILE * fp	检查文件是否结束	文件结束返回非0,否则返回0
ferror	int ferror(fp) FILE * fp	测试 fp 所指的文件是否有错误	无错返回0,否则返回非0
fflush	int fflush (fp) FILE * fp	将 fp 所指的文件的全部控制信息和数据存盘	存盘正确返回0,否则返回非0
fgets	char * fgets(buf,n,fp)char * buf;int n; FILE * fp	从 fp 所指的文件读取一个长度为(n–1)的字符串,存入起始地址为 buf 的空间	返回地址 buf。若遇文件结束或出错则返回 EOF

函数名	函数和形参类型	功能	返回值
fgetc	int fgetc(fp) FILE * fp	从 fp 所指的文件中取得下一个字符	返回所得到的字符。出错返回 EOF
fopen	FILE * fopen(filename, mode) char * filename, * mode	以, mode 指定的方式打开名为 filename 的文件	成功, 则返回一个文件指针, 否则返回 0
fprintf	int fprintf (fp, format, args, …) FILE * fp; char * format	把 args 的值以 format 指定的格式输出到 fp 所指的文件中	实际输出的字符数
fputc	int fputc(ch, fp) char ch; FILE * fp	将字符 ch 输出到 fp 所指的文件中	成功则返回该字符, 出错返回 EOF
fputs	int fputs(str, fp) char str; FILE * fp	将 str 指定的字符串输出到 fp 所指定的文件中	成功则返回 0, 出错返回 EOF
fread	int fread(pt, size, n, fp) char * pt; unsigned size, n; FILE * fp	从 fp 所指定的文件中读取长度为 size 的 n 个数据项, 存到 pt 所指向的内存区	返回所读的数据项个数, 若文件结束或出错返回 0
fscanf	int fscanf(fp, format, args, …) FILE * fp; char * format	从 fp 指定的文件中按给定的 format 格式将读入的数据送到 args 所指向的内存变量中 (args 是指针)	以输入的数据个数
fseek	int fseek(fp, offset, base) FILE * fp; long offset; int base	将 fp 指定的文件的位置指针移到 base 所指出的位置为基准、以 offset 为位移量的位置	返回当前位置, 否则返回 -1
siell	FILE * fp long ftell(fp);	返回 fp 所指定的文件中的读/写位置	返回文件中的读写位置, 否则返回 0
fwrite	int fwrite(ptr, size, n, fp) char * ptr; unsigned size, n; FILE * fp	把 ptr 所指向的 n * size 个字节输出到 fp 所指向的文件中	写到 fp 文件中的数据项的个数
getc	int getc(fp) FILE * fp;	从 fp 所指向的文件中读出下一个字符	返回读出的字符, 若文件出错或结束返回 EOF
getchar	int getchar( )	从标准输入设备中读取下一个字符	返回字符, 若文件出错或结束返回 -1
gets	char * gets(str) char * str	从标准输入设备中读取字符串存入 str 指向的数组	成功返回 str, 否则返回 NULL
open	int open(filename, mode) char * filename; int mode	以 mode 指定的方式打开已存在的名为 filename 的文件(非 ANSI 标准)	返回文件号(正数), 如打开失败返回 -1
printf	int printf(format, args, …) char * format	在 format 指定的字符串的控制下, 将输出列表 args 的指输出到标准设备	输出字符的个数。若出错返回负数

函数名	函数和形参类型	功能	返回值
prtc	int prtc(ch,fp) int ch; FILE * fp;	把一个字符 ch 输出到 fp 所值的文件中	输出字符 ch,若出错返回 EOF
rutchar	int putchar(ch) char ch;	把字符 ch 输出到 fp 标准输出设备	返回换行符,若失败返回 EOF
puts	int puts(str) char * str;	把 str 指向的字符串输出到标准输出设备;将"\0"转换为回车行	返回换行符,若失败返回 EOF
putw	int putw(w,fp) int I; FILE * fp;	将一个整数 I(即一个字)写到 fp 所指的文件中(非 ANSI 标准)	返回读出的字符,若文件出错或结束返回 EOF
reaf	int read(fd,buf,count) int fd;char * buf; unsigned int count;	从文件号 fp 所指定文件中读 count 个字节到由 buf 知识的缓冲区(非 ANSI 标准)	返回真正读出的字节个数,如文件结束返回 0,出错返回 -1
remove	int remove(fname) char * fname;	删除以 fname 为文件名的文件	成功返回 0,出错返回 -1
rename	int remove(oname,nname) char * oname, * nname;	把 oname 所指的文件名改为由 nname 所指的文件名	成功返回 0,出错返回 -1
rewind	void rewind(fp) FILE * fp;	将 fp 指定的文件指针置于文件头,并清除文件结束标志和错误标志	无
scanf	int scanf(format,args, …) char * format	从标准输入设备按 format 指示的格式字符串规定的格式,输入数据给 args 所指示的单元。args 为指针	读入并赋给 args 数据个数。如文件结束返回 EOF,若出错返回 0
write	int write(fd,buf,count) int fd;char * buf; unsigned count;	丛 buf 指示的缓冲区输出 count 个字符到 fd 所指的文件中(非 ANSI 标准)	返回实际写入的字节数,如出错返回 -1

3. 数学函数

使用数学函数时,在源文件中使用命令:#include"math. h" 表示引用数学函数,如表 C - 3 所示。

表 C - 3　数学函数

函数名	函数和形参类型	功能	返回值
acos	double acos(double x);	计算 arccos x 的值,其中 $-1 <= x <= 1$	计算结果
asin	double asin(double x);	计算 arcsin x 的值,其中 $-1 <= x <= 1$	计算结果

函数名	函数和形参类型	功能	返回值
atan	double atan(double x);	计算 arctan x 的值	计算结果
atan2	double atan2(double x, double y);	计算 arctan x/y 的值	计算结果
cos	double cos(double x);	计算 cos x 的值,其中 x 的单位为弧度	计算结果
cosh	double cosh(double x);	计算 x 的双曲余弦 cosh x 的值	计算结果
exp	double exp(double x);	求 e^x 的值	计算结果
fabs	double fabs(double x);	求 x 的绝对值	计算结果
floor	double floor(double x);	求出不大于 x 的最大整数	该整数的双精度实数
fmod	double fmod(double x, double y);	求整除 x/y 的余数	返回余数的双精度实数
frexp	double frexp(double val, int * eptr);	把双精度数 val 分解成数字部分(尾数)和以 2 为底的指数,即 $val = x * 2^n$,n 存放在 eptr 指向的变量中	数字部分 x $0.5 <= x < 1$
log	double log(double x);	求 lnx 的值	计算结果
log10	double log10(double x);	求 $\log_{10} x$ 的值	计算结果
modf	double modf(double val, int * iptr);	把双精度数 val 分解成数字部分和小数部分,把整数部分存放在 ptr 指向的变量中	val 的小数部分
pow	double pow(double x, double y);	求 x^y 的值	计算结果
sin	double sin(double x);	求 sin x 的值,其中 x 的单位为弧度	计算结果
sinh	double sinh(double x);	计算 x 的双曲正弦函数 sinh x 的值	计算结果
sqrt	double sqrt(double x);	计算 $\sqrt{x}$,其中 x > 0	计算结果
tan	double tan(double x);	计算 tan x 的值,其中 x 的单位为弧度	计算结果
tanh	double tanh(double x);	计算 x 的双曲正切函数 tanh x 的值	计算结果

4. 字符函数

在使用字符函数时,在源文件中使用命令:#include" ctype. h" 表示引用字符函数,如表 C –4 所示。

表 C –4　字符函数

函数名	函数和形参类型	功能	返回值
isalnum	int isalnum(int ch);	检查 ch 是否字母或数字	是字母或数字返回 1,否则返回 0
isalpha	int isalpha(int ch);	检查 ch 是否字母	是字母返回 1,否则返回 0
iscntrl	int iscntrl(int ch);	检查 ch 是否控制字符(其 ASCII 码在 0 和 0xlF 之间)	是控制字符返回 1,否则返回 0
isdigit	int isdigit(int ch);	检查 ch 是否数字	是数字返回 1,否则返回 0
isgraph	int isgraph(int ch);	检查 ch 是否是可打印字符(其 ASCII 码在 0x21 和 0x7e 之间),不包括空格	是可打印字符返回 1,否则返回 0
islower	int islower(int ch);	检查 ch 是否是小写字母(a ~ z)	是小字母返回 1,否则返回 0
isprint	int isprint(int ch);	检查 ch 是否是可打印字符(其 ASCII 码在 0x21 和 0x7e 之间),不包括空格	是可打印字符返回 1,否则返回 0
ispunct	int ispunct(int ch);	检查 ch 是否是标点字符(不包括空格)即除字母、数字和空格以外的所有可打印字符	是标点返回 1,否则返回 0
isspace	int isspace(int ch);	检查 ch 是否空格、跳格符(制表符)或换行符	是,返回 1,否则返回 0
isupper	int isupper(int ch);	检查 ch 是否大写字母(A ~ Z)	是大写字母返回 1,否则返回 0
isxdigit	int isxdigit(int ch);	检查 ch 是否一个 16 进制数字 (即 0 ~ 9,或 A 到 F,a ~ f)	是,返回 1,否则返回 0
tolower	int tolower(int ch);	将 ch 字符转换为小写字母	返回 ch 对应的小写字母
toupper	int toupper(int ch);	将 ch 字符转换为大写字母	返回 ch 对应的大写字母

5. 字符串函数

在使用字符串函数时,在源文件中使用命令:#include" string. h" 表示引用字符串函数,如表 C –5 所示。

表 C - 5　字符串函数

函数名	函数和形参类型	功能	返回值
memchr	void memchr(void * buf, char ch, unsigned count);	在 buf 的前 count 个字符里搜索字符 ch 首次出现的位置	返回指向 buf 中 ch 的第一次出现的位置指针。若没有找到 ch, 返回 NULL
memcmp	int memcmp(void * buf1, void * buf2, unsigned count);	按字典顺序比较由 buf1 和 buf2 指向的数组的前 count 个字符	buf1 < buf2, 为负数 buf1 = buf2, 返回 0 buf1 > buf2, 为正数
memcpy	void * memcpy (void * to, void * from, unsigned count);	将 from 指向的数组中的前 count 个字符拷贝到 to 指向的数组中。From 和 to 指向的数组不允许重叠	返回指向 to 的指针
memove	void * memove (void * to, void * from, unsigned count);	将 from 指向的数组中的前 count 个字符拷贝到 to 指向的数组中。From 和 to 指向的数组不允许重叠	返回指向 to 的指针
memset	void * memset (void * buf, char ch, unsigned count);	将字符 ch 拷贝到 buf 指向的数组前 count 个字符中。	返回 buf
strcat	char * strcat(char * str1, char * str2);	把字符 str2 接到 str1 后面, 取消原来 str1 最后面的串结束符 "\0"	返回 str1
strchr	char * strchr (char * str, int ch);	找出 str 指向的字符串中第一次出现字符 ch 的位置	返回指向该位置的指针, 如找不到, 则应返回 NULL
strcmp	int * strcmp(char * str1, char * str2);	比较字符串 str1 和 str2	若 str1 < str2, 为负数 若 str1 = str2, 返回 0 若 str1 > str2, 为正数
strcpy	char * strcpy (char * str1, char * str2);	把 str2 指向的字符串拷贝到 str1 中去	返回 str1
strlen	unsigned intstrlen(char * str);	str 中字符的个数(不包括终止符 "\0")	返回字符个数
strncat	char * strncat (char * str1, char * str2, unsigned count);	把字符串 str2 指向的字符串中最多 count 个字符连到串 str1 后面, 并以 NULL 结尾	返回 str1
strncmp	int strncmp (char * str1, * str2, unsigned count);	比较字符串 str1 和 str2 中至多前 count 个字符	若 str1 < str2, 为负数 若 str1 = str2, 返回 0 若 str1 > str2, 为正数
strncpy	char * strncpy(char * str1, * str2, unsigned count);	把 str2 指向的字符串中最多前 count 个字符拷贝到串 str1 中去	返回 str1
strnset	void * setnset (char * buf, char ch, unsigned count);	将字符 ch 拷贝到 buf 指向的数组前 count 个字符中。	返回 buf

函数名	函数和形参类型	功能	返回值
strset	void ＊ setset (void ＊ buf, char ch);	将 buf 所指向的字符串中的全部字符都变为字符 ch	返回 buf
strstr	char ＊ strstr(char ＊ str1, ＊ str2);	寻找 str2 指向的字符串在 str1 指向的字符串中首次出现的位置	返回 str2 指向的字符串首次出向的地址。否则返回 NULL

6. 动态存储分配函数

在使用动态存储分配函数时,在源文件中使用命令:#include" stdlib. h" 表示引用动态存储分配函数,如表 C－6 所示。

表 C－6　动态存储分配函数

函数名	函数和形参类型	功能	返回值
callloc	void ＊ calloc (unsigned n, unsigned size);	分配 n 个数据项的内存连续空间,每个数据项的大小为 size	分配内存单元的起始地址。如不成功,返回 0
free	void free(void ＊ p);	释放 p 所指内存区	无
malloc	void ＊ malloc (unsigned size);	分配 size 字节的内存区	所分配的内存区地址,如内存不够,返回 0
realloc	void ＊ realloc (void ＊ p, unsigned size);	将 p 所指的以分配的内存区的大小改为 size。size 可以比原来分配的空间大或小	返回指向该内存区的指针。若重新分配失败,返回 NULL

7. 其他函数

有些函数由于不便归入某一类,所以单独列出。使用这些函数时,在源文件中使用命令:#include" stdlib. h" 表示引用该函数,如表 C－6 所示。

表 C－7　其他函数

函数名	函数和形参类型	功能	返回值
abs	int abs(int num);	计算整数 num 的绝对值	返回计算结果
atof	double atof (char ＊ str);	将 str 指向的字符串转换为一个 double 型的值	返回双精度计算结果
atoi	int atoi(char ＊ str);	将 str 指向的字符串转换为一个 int 型的值	返回转换结果
atol	long atol(char ＊ str);	将 str 指向的字符串转换为一个 long 型的值	返回转换结果

函数名	函数和形参类型	功能	返回值
exit	void exit(int status);	中止程序运行。将 status 的值返回调用的过程	无
itoa	char * itoa(int n, char * str, int radix);	将整数 n 的值按照 radix 进制转换为等价的字符串,并将结果存入 str 指向的字符串中	返回一个指向 str 的指针
labs	long labs(long num);	计算 long 型整数 num 的绝对值	返回计算结果
ltoa	char * ltoa(long n, char * str, int radix);	将长整数 n 的值按照 radix 进制转换为等价的字符串,并将结果存入 str 指向的字符串	返回一个指向 str 的指针
rand	int rand( );	产生 0 到 RAND_MAX 之间的伪随机数。RAND_MAX 在头文件中定义	返回一个伪随机(整)数
random	int random(int num);	产生 0 到 num 之间的随机数。	返回一个随机(整)数
random-ize	void randomize( );	初始化随机函数,使用时包括头文件 time. h。	

附录 D　全国高等学校计算机等级考试(江西考区)
二级 C 语言考试大纲

(指定版本 Turbo C 2.0)

考试范围

一、C 语言基本概念

1. C 语言的主要特征和程序结构。
2. 头文件、函数的开始和结束标志。
3. 源程序的书写格式。

二、数据类型及运算

1. 基本数据类型及其常量的表示法。
2. 各种变量的定义和初始化。
3. 运算规则和表达式。
(1)赋值表达式、算术表达式、关系表达式、逻辑表达式、条件表达式、逗号表达式。
(2)运算符的优先级与结合性、类型的自动转换和指针类型转换。
4. 位运算

三、C 语言基本语句

1. 基本语句:表达式语句、空语句、复合语句。
2. 数据的输入与输出、输入输出函数的调用。
3. 选择结构语句
(1)if 语句
(2)switch 语句
(3)选择结构的嵌套
4. 循环结构语句
(1)for 语句
(2)while 语句和 do – while 语句
(3)continue 语句和 break 语句
(4)循环的嵌套
5. 语句标号和 goto 语句

四、构造类型和指针类型数据

1. 数组、结构、联合类型的说明及正确使用。

2.指针：

(1)指针与指针变量的概念、指针与地址运算符。

(2)变量、数组、字符串、函数、结构体的指针。

(3)指向变量、数组、字符串、函数、结构体的指针变量,通过指针引用以上各类型数据。

(4)指针数组,指向指针的指针。

(5)宏定义及其应用。

3.存储区动态分配和释放

五、函　数

1.函数的基本结构及定义方法。

2.函数调用和参数传递。

3.函数的嵌套调用、递归调用。

4.变量的作用域。

5.main( )函数的命令行参数引用。

6.内部函数与外部函数。

7.库函数的正确使用。

六、文　件

只要求缓冲文件系统(即高级磁盘I/O系统)

1.文件的概念:文本文件和二进制文件。

2.文件类型指针。

3.文件的基本操作:文件的打开与关闭、文件的读写、文件指针的操作。

C语言上机操作考试要求

1.程序改错:对C语言编写的含有错误的程序,进行查错并修改成正确的程序。

2.程序填空:在原有C语言程序的空白处填上合适的语句或句子,使该程序能正确执行。

二级C语言题型结构

一、笔试题型

Ⅰ.计算机基础部分(30分)

试题一、选择题(每个选择题1分,共30分)

Ⅱ.程序设计语言部分(70分)

试题二、语言基础选择题(每个选项 1 分,共 25 分)

试题三、程序阅读选择题(每个选项 2 分,共 30 分)

试题四、综合应用题(共 15 分)

二、上机操作测试题型

试题一、Word 2003 的使用(每个小题 5 分,共 20 分)

试题二、Windows XP 的操作(每个小题 5 分,共 20 分)

试题三、Excel 2003 和 Power point 2003 的使用(每个小题 4 分,共 20 分)

试题四、C 语言程序改错题(每个错 10 分,共 20 分)

试题五、C 语言程序填空题(每个空 10 分,共 20 分)

参考书目

1. 谭浩强. C 程序设计(第 4 版). 北京:清华大学出版社,2010
2. 谭浩强. C 程序设计试题汇编(第 3 版). 北京:清华大学出版社,2012
3. 何钦明,颜晖. C 语言程序设计. 北京:高等教育出版社,2007
4. 王 娣. C 语言从入门到精通. 北京:清华大学出版社,2010
5. 苏小红,孙志岗. C 语言大学实用教程学习指导(第 3 版). 北京:电子工业出版社,2012
6. 霍顿（Ivor Horton）. 杨浩译. C 语言入门经典(第 4 版). 北京:清华大学出版社,2008
7. 廖 雷. C 语言程序设计基础. 北京:高等教育出版社,2008
8. 王敬华. C 语言程序设计教程. 北京:清华大学出版社,2009
9. 教育部考试中心. 全国计算机等级考试 2 级教程:C 语言程序设计. 北京:高等教育出版社,2012